湖北省高等学校哲学社会科学研究重大项目（省社科基金前期资助项目，项目编号 19ZD065）

湖北省社会公益
Hubei Special
Funds for public　出版专项资金
Service publications

U0298572

湖北山地型传统村落厕所建设及相关民俗文化研究

卢雪松　著

武汉理工大学出版社
·武汉·

内 容 简 介

本书以湖北省山地型传统村落厕所为研究对象,调查了 15 个有代表性的乡村的厕所的建设情况,分析了 3 个全国山地型厕所设计的优秀案例,从多学科出发,提出了多个山地型传统村落厕所规划改造设计概念方案,设计了 4 套村落厕所设计方案,并对湖北山地型传统村落厕所的民俗文化进行了探讨。

图书在版编目(CIP)数据

湖北山地型传统村落厕所建设及相关民俗文化研究/卢雪松著.—武汉:武汉理工大学出版社,2022.8
ISBN 978-7-5629-6437-7

Ⅰ.①湖… Ⅱ.①卢… Ⅲ.①风俗习惯-关系-农村-公共厕所-建设-研究-湖北 Ⅳ.①TU993.9

中国版本图书馆 CIP 数据核字(2021)第 142704 号

项 目 负 责 人:李兰英　　　　　　　　　　　责 任 编 辑:李兰英
责 任 校 对:陈　平　　　　　　　　　　　　排　　　版:芳华时代
出 版 发 行:武汉理工大学出版社
社　　　址:武汉市洪山区珞狮路 122 号
邮　　　编:430070
网　　　址:http://www.wutp.com.cn
经　　　销:各地新华书店
印　　　刷:武汉精一佳印刷有限公司
开　　　本:880mm×1230mm　1/16
印　　　张:14.5
字　　　数:439 千字
版　　　次:2022 年 8 月第 1 版
印　　　次:2022 年 8 月第 1 次印刷
定　　　价:88.00 元

目 录

1 绪论

1.1 研究背景

厕所是人们生活中不可缺少的卫生基础设施，是反映社会变迁和文明程度的一个重要标志。几千年来，人们认为厕所是污秽之地，羞于谈及厕所，使得厕所成为一个被学术研究忽视的概念。[1]

随着经济的快速发展，人们日益关心生态环境。近些年来，我们已在厕所建设上有很大的进步，过去又脏又臭的厕所渐渐减少，取而代之的是光线明亮、干净卫生的厕所。然而，在投入众多人力、财力、物力后，全国的城市公厕面貌开始趋于统一，一些传统村落尤其是山地型传统村落的厕所缺乏科学的规划设计，甚至是乱搭乱建而成的，既破坏生态环境又无文化特色，也和当前的区域经济发展很不协调。

乡村公共厕所是社会经济发展的产物，是人类文明的标志。俗话说得好：细节体现水平。一个乡村厕所反映了这个乡村的文化品位和经济发展水平。从某种意义上来说，厕所的变迁是衡量社会进步和人类文明的一把量尺。[2]

2015 年 7 月和 2017 年 11 月，习近平总书记两次对"厕所革命"作出重要指示。他强调，厕所问题不是小事情，是城乡文明建设的重要方向，不但景区、城市要抓，农村也要抓，要把这项工作作为乡村振兴战略的一项具体工作来推进，努力补齐这块影响群众生活品质的短板。

随着农村厕所革命的深入推进，卫生厕所不断推广和普及，农村人居环境得到明显改善。"十四五"时期要继续把农村"厕所革命"作为乡村振兴的一项重要工作，发挥农民主体作用，注重因地制宜、科学引导，坚持数量服从质量、进度服从实效，求好不求快，坚决反对劳民伤财、搞形式摆样子，扎扎实实向前推进。

湖北地处中国中部，东邻安徽，西连重庆，西北与陕西接壤，南接江西、湖南，北与河南毗邻。湖北省的历史和文化源远流长，有 2000 多年的建置历史，是我国历史文化名镇、名村保存量较大的省份之一。省内的一些山地型村落是具有较高的历史、文化、科学、艺术、社会、经济价值的传统村落。大多数村落长期交通不便，与外界接触又不频繁，经济发展较为缓慢，传统村落是农耕文明不可再生的文化遗产，被誉为"传统文化的明珠"及"民间收藏的国宝"。它们既有很高的民俗文化价值，又有很高的学术研究价值。

近些年来，国家加大了对传统文化的保护力度，越来越多的传统村落得到了保护。湖北的传统村落具有格局完整、空间丰富、建筑特色鲜明的特点，经调查了解到，湖北省传统村落基础设施建设落后成为制约保护和发展工作的绊脚石。其中，厕所太过落后是影响村落环境、影响人们生活水平的主要因素之一。

"一个土坑两块砖，三尺土墙围四边"是中国农村旱厕的真实写照。农村旱厕被日晒雨淋，臭气熏天，夏日蝇蛆遍地，冬日大便冻结，不但污染环境，而且容易引发寄生虫病、肠道传染病和血吸虫病，严重影响农村环境卫生和人们的身体健康。[3]如今，人们对生活环境的要求越来越高，对现居地厕所的改造愿望越来越强烈。但由于目前对传统村落厕所的调查研究力度不足、不全面，因此一些厕所的规划和改造工作流于表面，对传统村落的保护规划可实施性较弱，已建的厕所建筑也缺乏当地村落的特色，大都千篇一律。

此外，湖北省地形较为特殊，处于中国地势第二级阶梯向第三级阶梯过渡的地带，三面高起，中间较为低平，向南敞开。湖北地貌多种多样，有山地、丘陵、岗地和平原。其中，山地和丘陵分别占总面积的 56％ 和 24％。因山地地形起伏多变，交通复杂，平原地区的厕改（厕所改造）方法不适合山地地区，需针对其特殊性进行规划设计。笔者就湖北山地型传统村落厕所建设的现状进行调查研究，以丫头山村、丁家田湾、百丈崖村、乌石岩村、谢店古村、喻畈村大董家湾、祝楼村、欧桥村、潘家湾村、涂湾村、古村村、八台村、一把村、杉树村、山羊头村这 15 个乡村的厕所为研究对象，以补齐影响农村生活品质的这一短板，并总结山地型传统村落厕所建设应该注意的问题，探索村落厕所的设计思路和方法，为以后的村落厕所规划设计提供参考。

"厕所革命"可以帮助农民改变卫生习惯，同时也是推进农村生态文明建设的必然选择。随着"厕所革命"的开展，一些农村地区进行了厕所改造，但大都是对平原地区厕所的改造，山地型村落厕所改造设计的理论研究相当缺乏，仅有的理论成果难以为山地型村落厕所改造提供有针对性的指导意见。本书旨在通过对湖北山地型村落厕所的调查总结，并借鉴国内外先进的技术和研究成果，探索出山地型村落厕所的规划设计方案。

1.2 国内外研究现状

厕所在建筑中被广泛使用，但是针对山地型传统村落厕所建设及相关民俗文化研究，积累的成果几乎没有，只有一些与其相关的研究。当然，作为课题研究的背景，有关城市公共厕所、公园公共厕所、风景旅游区旅游厕所的规划与设计、厕所改造技术及应用等方面的研究都有丰富的成果。梳理过去与课题相关的主要成果，国内外的相关研究有以下几个方面：

1. 国内关于厕所的相关研究

（1）厕所建设存在的问题及发展对策研究

对于我国厕所的现状及存在的问题，在 20 世纪 80 年代，朱嘉明（1988）在《中国：需要一场厕所革命》[4]中就阐述了中国及外国的城市公厕设施管理、现状等问题。进入 21 世纪后，不少学者对厕所问题进行了调查研究［高枫、韦波（2002）；金立坚等（2007）；王其钧（2010）；侯克宁、王卫东（2011）；王占北、李丽婧（2015）；李炳忠、赵金子（2016）］[5-10]，认为我国厕所建设存在诸多问题，亟须进行改善和发展。关于厕所改善与发展对策研究的主要代表作有：丁金龙（2002）的《当前农村改厕的难点和对策探讨》[11]、吴刚（2003）的《农村改厕工作中存在的主要问题及对策》[12]、李凤霞（2006）的《农村改厕工作的困难和对策探讨》[13]、夏渤洋（2014）的《历史文化名村官沟古村厕所、环卫设施改善对策研究》[14]、汪宇（2017）的《美丽乡村建设背景下农村改厕运动的困境与解决路径》[15]。这些研究从中国实际出发，对厕所的发展提出了很多有建设性的意见和对策。宿青平（2013）的《大国厕梦》[16]一书中以山西临汾市的公厕为研究对象，介绍了该市公厕在建设前的艰难、建成后因"豪华"而备受争议及消除争议后又成为公厕楷模的事情。

谢世谦（2019）的《湖北省农村"厕所革命"问题的实证研究——以试点"义堂镇"为例》[17]，肖会轻（2019）的《石家庄推进农村"厕所革命"的调查研究》[18]，潘振宇（2019）的《乡村振兴背景下农村厕所革命的制约因素及对策研究——基于扎根理论分析》[19]，张姣妹、徐聪聪（2019）的《乡村振兴战略下农村"厕所革命"的发展对策》[20]等，通过对农村厕所的改建情况进行调查分析，以地方某村的个案为研究对象，对厕所改造中存在的问题提出相对应的解决方案。张奎伟等（1995）的《山东省农村厕所及粪便处理背景调查和对策研究》[21]、王立友（2017）的《德州市农村地区环境卫生现状研究》[22]等，从环境卫生的角度对厕所展开研究，得出了厕所是改善乡村人居环境的重要因素的结论。应该说，这些研究对于项目的开展很有启发意义。

（2）厕所的规划与设计研究

有学者从建筑规划布局、建筑设计、建筑环境、建筑细节出发，对城市公厕、公园公厕和风景旅游区公厕进行了规划与设计研究［吴斌（2007）；周晓嘉（2009）；李琦（2010）；黄秋霞（2011）；王艳敏（2007）］[23-27]。江璇（2017）的《风景旅游区旅游厕所规划与设计研究》[28]基于调研结果对风景区旅游厕所的规划设计进行了研究，并从厕所的规划布局、厕所的形态与环境设计、厕所空间构成三个方面出发，提出了相应的设计策略和方法。

将厕所文化设计作为提升城市公厕档次的重要手段，主要代表性的成果有：王伯城（2006）的《城市公共厕所建筑设计研究》[29]、唐先全（2009）的《城市"舒适型"公共厕所设计与文化研究》[30]。朱琼芬（2013）的《景区公厕在景观设计中的地域文化研究》[31]一文，讨论了如何处理景区公厕设计与地域文化的关系，从景区公厕的建筑造型、内部空间结构、材料等方面阐述公厕建筑地域文化的表达手法。这些研究虽然都不是针对山地型村落厕所的规划与设计研究，但是他们的研究方法和学术路径可作参考。

（3）厕所的改造技术及应用研究

随着"厕所革命"的推进，厕所改造工作已在全国全面开展，其核心内容就是厕所改造技术。这方面的代表性的成果有：孟祥印（2005）的《智能型免水冲环保厕所设计与研制》[32]，韩爽、由迪甲（2009）的《"水旱两用厕所"设计初探》[33]，赵军营（2014）的《源分离农村卫生厕所冲水灌溉利用技术研究》[34]。高素坤（2017）的《农村厕所低成本改造技术与应用研究》[35]一文，提出了把厕所改造与农村环境生态化建设等其他方面有机地结合起来，并通过对现有农村厕所改造技术的调研与分析，总结归纳出农村卫生厕所的三种不同类型及特点，提出一系列更适合农村厕所低成本生态化改造的厕所方案。

（4）厕所文化的相关研究

有不少学者对厕所文化进行研究，比如，张建林、范培松（1987）的《浅谈汉代的"厕"》[36]，黄展岳（1996）的《汉代的褻器》[37]，伊永文（1999）的《古代中国札记》[38]，彭卫、杨振红（2018）的《秦汉风俗》[39]等对汉代的厕所类型、厕所民俗文化进行了研究。赵璐、闫爱民的《"如厕潜遁"与汉代溷厕》（2018）[40]、《"踞厕"视卫青与汉代贵族的"登溷"习惯》（2019）[41]这两篇论文主要结合相关的历史文化资料，从历史学的角度研究了汉代"如厕遁逃"的原因及其汉代贵族的坐便习惯。杨懋春（2012）的《一个中国村庄：山东台头》[42]、费孝通（2001）的《江村经济》[43]、葛学溥（2012）的《华南的乡村生活》[44]等对乡村厕所也展开了一些厕所文化方面的研究。

有的学者从多学科的角度研究厕所文化，其中周星的研究较为典型。他结合人类学、社会学、民俗学、民族学多学科，在《"厕所革命"在中国的缘起、现状与言说》（2018）[45]、《道在屎溺：当代中国的厕所革命》（2019）[46]中介绍了我国乡村厕所改造的进展和推进工作中存在的困难。除此之外，郭雪霜（2009）的《白裤瑶厕所发展的历史与现状研究》[47]以少数民族白裤瑶的厕所为考察对象，对白裤瑶从无厕到建生态厕所的发展过程作了系统阐述，同时指出了白裤瑶的生态厕所会普及使用。周连春（2005）

的《雪隐寻踪——厕所的历史 经济 风俗》[48]对厕所从古至今的粪肥处理、厕神、厕所的民俗文化进行了研究。刘勤、杨陈（2018）的《畜圈、厕所与民俗信仰》[49]以汉源乡村厕所为研究对象，对乡村厕所的文化进行了调查研究，并且指出厕所改造要考虑当地的厕所民俗。邓启耀（2020）的《厕所的空间转换与治理》[50]以云南傣族村庄厕所存在的问题为研究对象，探讨了私厕到部分公厕的空间转换。

2. 国外关于厕所的相关研究

国外发达国家对厕所的研究较早，关于厕所的研究成果较多，还成立了许多关于厕所的研究协会。英国学者克莱拉·葛利德编著的《全方位城市设计——公共厕所》[51]，主要论述了公共厕所存在的各种问题及其解决途径与办法；日本学者坂本菜子的《世界公共厕所集锦》[52]，介绍了世界各国公共厕所的不同特点；美国学者朱莉·霍兰编著的《厕神：厕所的文明史》[53]，评述了世界范围内厕所文明的发展演进历程；劳伦斯·赖特编著的《清洁与高雅：浴室和水厕趣史》[54]一书讲述西方人的如厕方式主要为坐式等。日本的文化人类学家及民俗学家从厕所及其历史风俗方面进行研究的居多，如妹尾河童的《窥视厕所》[55]。韩国学者对于厕所的研究主要以综合性的研究为主，如金光彦在《东亚的厕所》[56]中论述了日、韩两国人民如厕的姿势和习惯；郑然鹤《厕所与民俗》[57]从厕所的建造和民间信仰等方面，介绍了厕所与民众生活的密切关系。

总之，以上国内外研究成果都是本书研究所必备的学术参考资料。

3. 小结

近年来厕改风盛行，全国各地进行了一系列的厕改工作。何御舟2016年通过对北京市农村改厕地区进行调查研究，了解了北京农村地区卫生厕所的建设、使用、管理、维护等现状，发现了其中存在的问题并分析其影响因素，为北京市开展农村厕所工作提供参考。[58]夏渤洋2014年对历史文化名村——官沟古村的厕所、环卫设施提出改善策略。[14]潘建2017年在调研宁德市农村改厕试点的基础上分析厕改资金投入，计算单户改造费用和财政资金的投资拉动作用，给出结论和建议，为其他地方开展农村改厕工作提供参考。[59]虽说近年来有关厕改的论文很多，但都是有关平原地区的论文，并具有地域性，对山地型村落厕所改造设计的理论研究相当匮乏，仅有的理论成果难以为湖北山地型村落厕所建议提供有针对性的指导意见。

随着我国经济的高速发展，人们的生活水平越来越高，对生活环境的要求也越来越高。厕所作为人们平时生活中使用频率极高的场所，有着不可替代的重要作用。但农村厕所的建设相对落后，质量、美观、功能、人性化设计等方面都与实际所需存在相当大的差距，影响了村落的整体景观规划和人们生活水平的提高。

1.3 研究对象及内容

1.3.1 研究对象

本书以湖北鄂东地区山地型村落的丫头山村、丁家田湾、百丈崖村、乌石岩村、谢店古村、喻畈村大董家湾、祝楼村、欧桥村、潘家湾村、涂湾村、古村村、八台村、一把村、杉树村、山羊头村这15个乡村的厕所为调查研究对象。

1.3.2 研究内容

本书从湖北地区的自然地理环境、经济水平、当地人的生产生活方式及多元文化背景出发，通过对湖北地区传统民居建筑的空间构造和建筑风格进行分析，发现这一区域内的地域文化内涵，从而对当地厕所进行规划设计，在保留当地文化特色的基础上，使厕所既能满足人们的生活需要，又美观和具有功能性。

具体研究内容纲目：

（1）田野调查

该部分对湖北地区山地型传统村落厕所进行调查，主要从两个方面展开：

① 对湖北地区有代表性的山地型传统村落厕所现状进行调查（丫头山村、丁家田湾、百丈崖村、乌石岩村、谢店古村等）；

② 归纳总结出山地型传统村落厕所的特征和在建设中存在的问题。

（2）生态与民俗文化

① 从生态建筑学的角度，研究山地型传统村落厕所的生态特征、生态设计；

② 从文化角度，研究传统村落与民俗文化、卫生与生产之间的关系，研究厕所设计与厕所民俗文化。

（3）山地型传统村落厕所建筑环境与功能系统研究

① 山地型传统村落厕所的建筑环境系统；

② 山地型传统村落厕所的使用功能系统；

③ 山地型传统村落厕所的污水处理系统；

④ 山地型传统村落厕所的雨水排水系统；

⑤ 山地型传统村落厕所的粪便处理系统；

⑥ 山地型传统村落厕所的文化功能系统。

（4）案例与应用

① 湖北地区山地型传统村落厕所建筑环境与功能系统设计的案例分析；

② 舒适性、经济性指标分析；

③ 选取有代表性的山地型传统村落厕所进行环境与功能系统设计，融入地方民俗文化特征，并应用于实践；

④ 根据群众反映的效果，调整和补充设计；

⑤ 归纳总结、推广与应用。

1.4 研究目标

本课题研究的学术与学科目标：本课题以地方志、历史文献为基础，以湖北地区山地型传统村落厕所为研究对象展开，从田野调查中搜集第一手资料，实地考察湖北地区山地型传统村落厕所建筑规划布局、建筑风格、建筑材料、建筑环境、排水设施、粪便处理、村落文化等。为调查对象拍摄照片和绘制建筑图样，并配以文字的解释说明。尽量图文并茂，相得益彰，为山地型村落厕所的功能系统设计研究留下永久资料。

本课题研究的社会与文化目标：以当前农村社会生活方式的转变为背景，归纳总结湖北地区山地型传统村落厕所建筑环境与功能系统设计的策略与方法，并融入地域文化和生态建筑思想，推动新农村基础设施建设，提高服务效能。本课题的成果将为社会各界参与美丽乡村建设的发展提供实证资料与对策参考。

研究与开发的应用目标：本课题旨在通过研究，总结湖北地区山地型传统村落厕所的生态与文化特征，提出山地型传统村落厕所建筑环境与功能系统设计方法，为山地型传统村落厕所功能系统设计研究提供参考。

1.5 研究重点

结合前期的调查和资料阅读，本课题研究重点如下：

（1）田野调查。通过对有代表性的湖北地区山地型传统村落厕所的调查，搜集田野资料。一方面，总结湖北地区地域文化，为课题进一步开展打下基础；另一方面，对山地型传统村落厕所建筑特征进行研究，将研究成果编辑成册，为融入生态和地方文化要素的山地型传统村落厕所功能系统设计研究提供资料与参照。

（2）提炼湖北地区山地型传统村落厕所设计元素，总结山地型传统村落厕所功能系统设计方法。

在调查的基础上，提炼山地型传统村落厕所功能系统设计元素，总结湖北地区山地型传统村落厕所建设与文化传承的策略，寻找一条适合山地型传统村落厕所的可持续生态设计发展道路。

1.6 要突破的 3 个问题

（1）山地型传统村落厕所研究的局限与不足。目前我国对村落厕所的研究比较缺乏，针对山地型传统村落厕所的研究更是罕见，很多时候都是沿袭常规的平地厕所建设相关的理论、方法等，而常规的理论、方法研究缺少山地型这一鲜明的特征，难以指导山地型传统村落厕所的规划与建设。

（2）融入地方传统文化和生态要素的山地型传统村落厕所功能系统设计问题。随着新农村建设的推进，厕所的规划设计渐趋统一，没有很好地融入地方传统文化和生态建筑理念。

（3）把传统村落厕所的建设与文化传承看作一个大系统来研究的问题。国内很多专家学者单纯从建筑环境、排水系统、粪便处理系统等某一方面对传统村落厕所进行研究，没有把厕所当作一个大系统来进行研究，造成了传统村落厕所建设及相关民俗文化研究的局限性。

1.7 研究方法

（1）田野调查法。从 2017 年 4 月下旬到 2020 年 12 月，笔者对筛选出来的 15 个村落的厕所（本书中主要指公厕，也有少数私厕）的规划布局、建筑形态及风格、外环境及细节设计都进行了详细的调研。通过拍照、访问村民、测量记录、绘制图纸等方法，整理出湖北地区山地型传统村落厕所建设存在的问题、建筑特征、排水系统、村落文化、建筑环境等，获取了较为全面的资料，为开展研究打下了坚实的基础。

（2）文献资料法。包括研究区域的县志、文献收集、分析和考证等。

（3）比较分析法。对所搜集的资料、调研的成果进行系统的整理与分析，然后对湖北各区域之间厕所功能系统进行相关比较，寻求其中的同一性与差异性，以强化研究对象的地域性特征。

（4）层次分析法。采用层次分析法，主要将厕所划分为村落整体（宏观）和建筑局部层次来深入研究湖北地区山地型传统村落厕所，再通过归纳法与演绎法总结出湖北地区山地型传统村落厕所功能系统设计中需要注意的方面。

（5）综合分析法。借助设计学、景观学、历史学、民俗学、美学、艺术人类学等领域的相关研究方法，对湖北地区山地型传统村落厕所建设及相关民俗文化进行研究。

总之，本课题研究的技术路线图如图 1.1 所示。

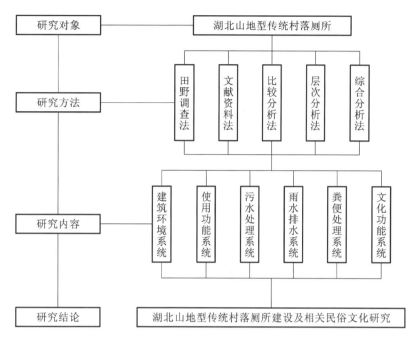

图 1.1　本课题研究的技术路线图

1.8　研究步骤

首先，现状调查。调查湖北地区山地型传统村落厕所目前存在的问题，了解山地型传统村落厕所应具备的特征、山地型传统村落厕所的生态与相关民俗文化。

其次，研究湖北地区山地型传统村落厕所功能系统。对建筑环境系统、使用功能系统、污水处理系统、雨水排水系统、粪便处理系统、文化功能系统等展开研究。

再次，提出山地型传统村落厕所功能系统设计策略与方法。

从建筑选址、服务半径、厕位比例、建筑形态、建筑风格、建筑色彩、建筑外环境与内环境、村落文化、雨污排水系统、粪便处理系统等出发，提炼山地型传统村落厕所功能系统设计元素。

从多学科角度出发，把山地型传统村落厕所看作一个大系统，对山地型传统村落厕所的功能系统设计思路进行充分论证，提出湖北地区山地型传统村落厕所功能系统设计策略和方法。

最后，实践应用与反馈。结合湖北地区地方民俗文化和生态建筑思想，运用山地型传统村落厕所建筑环境与功能系统设计策略和方法，选取有代表性的湖北地区山地型传统村落厕所进行功能系统设计和实践，把当地群众反映的效果作为重要评价标准之一，补充和完善设计标准。

1.9　研究意义

对山地型传统村落厕所现状进行调研，发现问题，解决问题，探讨改善方案，实现厕所建筑与周边环境的和谐自然，保护村落的整体风貌；提升厕所使用者的幸福感；总结山地型传统村落厕所规划设计中应该注意的问题，探索山地型传统村落厕所的设计思路和方法，为以后的山地型传统村落厕所规划设计提供参考。本项目的研究具有以下四点实用价值：

（1）有利于指导湖北地区山地型传统村落厕所建设；

（2）有利于补充与完善湖北地区传统村落民俗文化研究；

（3）有利于拓展我国传统村落生态厕所建筑设计的思维；

（4）有利于推动湖北山地型传统村落文化旅游业的发展和贯彻乡村振兴战略。

1.10 创新之处

（1）从建筑环境系统、使用功能系统、污水处理系统、雨水排水系统、粪便处理系统、文化功能系统等出发，把山地型传统村落厕所建设及民俗文化看作一个大系统来研究。

（2）结合历史学、土壤学、民俗学、心理学、美学、建筑学、景观学等学科，提炼融入地方文化的山地型传统村落厕所功能系统设计元素，总结湖北山地型传统村落厕所功能系统设计策略和方法。

2 湖北地域文化背景及山地型传统村落厕所的特点

2.1 湖北地域文化背景

1. 自然气候与地理环境

（1）自然气候

湖北省地处亚热带，全省除高山地区以外，大部分地区是亚热带季风气候区，光热充足，降水充沛，雨热同期。

（2）地理环境

湖北省东、西、北三面环山，中间低平。在湖北省总面积中，山地占据大部分面积。

2. 生产方式与经济水平

（1）生产方式

从全国范围来看，湖北省是农业大省，并且多山地，山地农业是一个特殊的生态系统，具有山多地少、山大人稀、气候复杂多样的特点。多山的环境虽然对农业的发展有一定的局限性，但有利于丰富粮食作物与经济作物的品种，有利于形成以农业为主、手工业为辅的生产方式。

（2）经济水平

随着中国国力的不断增强，湖北省整体的经济水平不断提高，但湖北多山地农村，农村的发展较为缓慢，还需国家支持。

3. 地域文化

湖北地区多山沿江的自然地理条件为多元文化提供了先决条件。湖北又属于多民族聚居地，并且由于湖北省与湖南、江西、安徽三省在气候、地理方面都存在着相似性，所以湖北建筑文化会受到这些地区的影响，而当今文化交流密切，文化间都存在着一定的相似性。

2.2 山地型传统村落厕所的特点

1. 协调性

山地起伏多变的地形因素影响了厕所的选址和建筑形式，在规划设计时需考虑到对环境的适应性，使厕所与环境相协调。

（1）地形

湖北地区地形复杂多变，时陡时缓，对厕所建筑形态有较大影响。在较缓地带可依山而建厕所，在较陡地带则可采用吊脚等形式建厕所，但施工难度加大。在设计规划厕所时应考虑坡度的特征，使厕所与自然环境保持和谐。

（2）气候

厕所具有异味，应将其设置在通风条件良好的地方，有利于消散异味。大多数时候应将厕所设置在当地的迎风面，以利于保持良好的通风状态。此外，厕所选址时应该充分利用日照，增加自然采光，尽量在向阳面布置厕所。

2. 便利性

俗语说"人有三急"，厕所应尽量建在方便人们进入的位置，并能够让人快速看到。

3. 隐蔽性

厕所作为供排泄使用的场所，应与主建筑具有主次关系，所以不应该过于引人注目，需要采取一些措施进行遮掩，以保证村落的整体性。并且如厕是一件私密的事情，隐蔽的环境能够给人以安全感，使人体验更好。

4. 历史性

每个地方都有当地特有的地域文化，而经历了历史沉淀后的传统文化会对当地的景观建筑造成影响，使之成为当地特有的景观。如今，各地的景观建筑越来越同质化，缺乏特色。因此在规划设计时需要融入具有地方特色的历史内涵，打造具有特色、文化感的厕所景观。

5. 人性化

人性化即根据不同人群的生理特点、生活习惯进行设计，满足他们不同的生理需要和心理需求。在鄂东村落中因年轻人大都出门务工或求学，家中多是老年人，所以在设计厕所时应着重考虑老年人的生理需求。

因男女生理结构不同，女性如厕时间要长于男性。但一般厕所的男女厕厕位都是一样多，甚至男厕厕位要多于女厕厕位。所以在设计规划时应该特别考虑到这些因素，注意男女厕厕位比例，让女性在使用时能够更加方便。

6. 生态性

湖北地区村落生态环境较之其他地区村落生态环境更加脆弱，对于环境保护方面的要求更加严格。而厕所作为排泄的场所，若

是没有处理好排泄物，可能会污染当地的生态环境。所以应通过有效的设计方法和技术手段来解决这个问题，保证厕所达到环保节能的要求。

7. 美观性

在设计山地型村落厕所时不仅要满足建筑本身的美学要求，还要注重与当地景观环境有机结合，使厕所在建筑形态、色彩、材料等方面与周围环境协调，并且要使厕所的建筑尺寸与周边环境协调统一，保证村落景观的整体美观性。

3 湖北山地型传统村落厕所建设的现状调查

3.1 丫头山村厕所

3.1.1 丫头山村概况

　　丫头山村位于湖北省麻城市歧亭镇，始建于宋代。整个山村依山而建，枕水而眠，是个具有典型的传统风情的山村。放眼四望，青石条墙、黑瓦、飞檐；过年时门前留下的灯笼、对联、门画；清澈的塘水、迎风而飘的杨柳；依塘坝而建的痴汉长廊、痴心亭；整洁的村道、竹篱围合的门前花池；屋后的远山、蓝天、白云……村内现保留有明清及民国时期的建筑 54 座，其中 4 座为多院落古建筑。这种建筑由多个自带天井的大宅连在一起，墙头檐角各不相同，既有独立个性，又与整体很和谐。大宅的门开在山墙，门楣都是用大块石条架设的，门楣上的刻花祥和喜气。经过数百年光阴晕染，这些老房子的容颜写满了沧桑。（图 3.1）

图 3.1　丫头山村

丫头山未老，丫头山村却似已年迈。老宅的损毁让人们唏嘘感叹，好在 2012 年丫头山村被列入第一批中国传统村落名单中。如今，修缮工作已经展开，这个有千年历史的老山村仍会把它依山傍水的生存方式延续下去。时光仍旧会不依不饶地在廊檐翘角与砖石墙缝中纠缠，随着岁月变迁，铅华褪尽的丫头山村会更显出它独有的魅力。

3.1.2　丫头山村厕所概况

1. 选址

丫头山村旅游度假区内共有 7 个厕所，其中新建的 3 个厕所为独立式厕所，厕所选址均紧邻道路。（本节只介绍新建的 3 个厕所）

2. 厕位

据笔者统计，丫头山村厕所 1 共有 8 个厕位，其中男厕厕位4 个，女厕厕位 4 个；厕所 2 共有 8 个厕位，其中男厕厕位 4 个，女厕厕位 4 个；厕所 3 共有 8 个厕位，其中男厕厕位 4 个，女厕厕位 4 个。3 个厕所内部造型一致，男厕厕位数与女厕厕位数比例为 1∶1。

3. 丫头山村厕所的建筑形态和风格

丫头山村的 3 个厕所大都依路而建，结合村落地形，采用筑台式，具有山地特色。3 个厕所都为现代与传统相结合的建筑形式。这几年，丫头山村进行了修复工作，厕所建筑不仅仅考虑了功能性的需求，建筑设计也考虑到了景观性、整体性和文化性。

4. 丫头山村厕所外环境

丫头山村厕所的外环境设计较为单一，3 个厕所都紧邻道路，依靠外部的道路来实现人流的聚和散，设置有休息空间。植物搭配较为单一，以灌木、樟树、枫树等植物为主，并不能很好地起到遮挡作用，也不能很好地美化建筑物。

① 厕所 1

丫头山村的厕所 1 紧邻主干道，背靠陡坡。厕所前方无植被遮挡，有休息空间，且左侧有一垃圾回收箱。总的来讲，厕所 1 的外环境植被缺乏，不能较好地遮挡道路上行人的视线，隐蔽性差，不能保护好使用者的隐私，并且厕旁的垃圾回收箱散发出异味，给人不好的体验，如图 3.2 所示。

② 厕所 2

厕所 2 位于 T 形路口交汇处，背靠陡崖，厕所前方较为开阔，有休息空间。厕所两侧都种植了灌木，右边种有竹科植物。总体而言，外环境植物种植单一，较为随意，但遮蔽性较好，具有一定的私密性和观赏性，能够较好地遮掩行人视线，如图 3.3 所示。

图 3.2　丫头山村厕所 1 外环境

图 3.3　丫头山村厕所 2 外环境

③ 厕所 3

厕所 3 位于两路交叉处，无休息空间。厕所前方即道路，厕门两侧种有灌木，背后无建筑，以樟木为背景。总体而言，外环境植物种类单一，有一定的规划性，但遮掩性差，美观性不强，不能保护使用者隐私。并且厕所右后方设置有垃圾回收箱，异味较大，影响使用者的感官体验，如图 3.4 所示。

图 3.4　丫头山村厕所 3 外环境

5. 丫头山村厕所的细节

丫头山村厕所的细节设计较为全面，厕顶有开口，可以通风和采光，光线较好，通风效果较好；清扫工作处理得较好，较为整洁，但是缺乏无障碍坡道、无障碍厕位的设计，厕位与厕位之间也只是简单地被隔开，没有厕门进行遮掩；厕所内也没有设置洗手台；有男女厕所标识，但村落内没有厕所导向标识；均为旱厕，如图 3.5 所示。

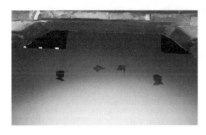

图 3.5 丫头山村厕所细节

3.1.3 丫头山村厕所存在的问题

1. 规划和选址不合理

从调研中我们可以看出村落公共厕所的选址普遍存在以下问题：（1）多数村落的出入口处未设置厕所。而入口处的厕所承担着重要的作用。调查发现，很多人在到达目的地时，都有先找厕所的习惯。有些人是因为经过长时间路程，需要如厕；有些人是提前为游览做好准备。（2）有些公厕建设得过于注重隐蔽性，设计师为防止公厕给整体村落形象带来影响，将公厕设计在远离游客集中区域，且远离道路之处。这种布局形式既给游客如厕造成麻烦，又不利于管理，大大降低了公厕的便捷性，导致一些僻静处的公厕常年无人问津，不能发挥作用。

2. 厕位比例不协调

丫头山村厕所和大多数古村落厕所一样，根据男女性别设置相同的厕位。但往往在高峰时期，由于女士如厕所花时间较多，所以女厕门口往往出现排队的情况。尤其在节假日，女厕"门庭若市"，出现大排长龙的景象，男厕却通行无阻。这反映了山地型村落厕所规划设计时缺乏对男女生理条件差异的考虑，男女厕厕位比例脱离实际需要。

3. 厕所服务半径不合理

丫头山是湖北典型的山地地形，面积较大，目前对外开放了前山和后山 2 条线路。在整个旅游度假区现有厕所 7 个，采用的是散点式布局，主要分布在人流量大的位置。厕所服务半径相差太大，有些间距太小，有些间距太大，在调研中发现，有的地方虽然游客较少，但公厕间距离过远，游客行走很久也未必能找到一个公厕，这给游客如厕带来很大的不便。厕所数量虽多，但是主要分布在后山。前山到入口的景点共有 15 个，而厕所却只有两个，这样"长距离少厕所"的不合理分布给游客带来不便。

4. 厕所档次低

丫头山的 7 个旅游厕所中，没有一个是星级厕所。就目前的厕所来看，厕所卫生条件差，相关设施缺乏，在厕所建设中仍然存在着厕所的选址、设计和建设与周围环境不和谐，在数量与质量、适用与美观上不统一的现象。与同为山地型旅游度假区的峨眉山旅游度假区相比较，丫头山整个旅游厕所档次低。特别是线路复杂的前山的厕所，因为游客人数较少，更是无人管理，脏、乱、差。丫头山村若要升级为国家级旅游度假区，提升厕所档次是首要任务。

5. 厕所标识牌不清晰

在丫头山沿线分布的厕所标识不清晰，厕所采用的是散点式的分布，但由于村落较大，两处公共厕所相距较远，加上没有明显标识，很多游客在此游玩时寻找厕所较困难。

6. 厕所采光效果差

丫头山村公厕的采光没有做到环保节能，自然采光利用得不够充分，主要依靠人工照明，不但耗电而且照明灯具不是感应灯，有潜在的卫生问题。照明未达到安全便捷的使用要求，且没有充分利用坡向位置，选取的是日照时间较短的东北坡，开窗没有考虑到公厕的私密性要求，开口过大，容易暴露如厕者的隐私。公厕局部照明太差使厕所显得破旧不堪，洗手台的照明不能满足化妆的要求，夜间厕所内的亮度不够，容易使游客产生恐惧和不安情绪。

7. 通风效果不好

公厕是供游客排泄的场所，丫头山村公厕没有处理好通风问题，使厕所内的臭气不能够有效地被排出。

8. 厕所缺少人性化设计

人性化是一种设计理念，指根据各类人群的生理特点、生活习惯进行设计。丫头山村的公厕设计没有满足各类人群的功能诉求与心理需求。随着社会的发展，人性化已成为山地公园公厕必须具备的特征。调研发现，较多村落公共厕所存在人性化程度低的问题。具体情况如下：公共厕所缺乏无障碍设计和特殊人群的专用空间、设施，忽略了特殊人群的需求，导致老年人、残障人士等如厕十分困难，等等。

（1）老年游客

老年人的生理机能下降、行动缓慢、小便频繁等，导致他们在游玩中出现令人尴尬的情况。而丫头山村在规划设计时，特别是计算公厕服务半径时未充分考虑老年游客的生理特征。

（2）残疾游客

这类群体中出游不便的主要是肢体残疾游客。在山地公园中，这类游客所占比例较小，究其原因，除了山地的地形因素外，山地公园中服务于残疾游客的基础设施严重缺失也是一大因素。丫头山村并未设置残疾人厕位且未设置通达厕所的无障碍坡道，更别提如厕引导设施。

（3）儿童游客

这里的儿童游客是指3～14岁年龄段的游客。此年龄段中的低龄儿童行走速度较慢，丫头山村公厕的服务半径的设定未考虑他们的需求。丫头山村公厕服务设施的设计和安装只考虑了成年人的身高，没有考虑到与儿童身高条件相适应的低位坐便器、小便器和洗手池。

（4）母婴游客

母婴虽然在山地公园里出现的可能性很小，但是在规划设计时也要加以考虑。山地公园中的母婴游客一般以母亲怀抱婴儿或推婴儿车的情形出现。丫头山村公厕未为其设置无障碍坡道，以及相应的母婴专用厕位。

（5）女性游客

女性游客由于生理结构与男性的不同，如厕时间长于男性，因此在丫头山村有时会看到女厕门口排着长长的队伍，而男厕门口却没什么人。特别是在节假日，女厕的容纳量不足问题会显得更加突出。

9. 建筑环境不理想

（1）建筑外环境不理想

丫头山村公厕外部未设置供游客集散和休息的场地。外环境中的植物类型单一，看上去较凌乱，欠缺景观效果，绿化植物配置随意，没有发挥遮掩、美化公厕的作用。

（2）建筑内环境不理想

丫头山村公厕内光线灰暗，使游客缺乏安全感，公厕内臭味明显，让人"闻而却步"，严重影响了游客的游览体验。

3.1.4　小结

丫头山村已被列入第一批中国传统村落名单中，其重要性不言而喻。丫头山村3个厕所沿路而建，均紧邻道路，选址合理；

厕所采用筑台式，因其不久前得以修复，厕所外观新颖，风格统一，具有整体性、景观性；厕所外环境形式单一，植物较为整齐，但没有很好地起到对建筑物遮蔽、美化的作用；设置有休息空间；后期维护较容易；细节设计没有充分考虑人性化需求，缺乏无障碍设计，没有厕所导向标识。

3.2　丁家田湾厕所

3.2.1　丁家田湾概况

丁家田湾隶属于湖北省麻城市岐亭镇，位于湖北省东北部，且在鄂豫皖三省交界的大别山中段南麓，属亚热带大陆性湿润季风气候区。丁家田湾村隶属于闻名遐迩的中国历史名村"杏花村"。据说此村始建于宋代，一千多年来，世世代代的居民将小山村沉淀为一个有故事的地方。

3.2.2　丁家田湾厕所概况

1. 选址

丁家田湾共有两个厕所，均为独立式厕所。厕所主要沿道路布置，厕所1位于进村主道路旁，厕所2位于人字形路口交汇处，如图3.6所示。

（a）　　　　　　　　　　　　　（b）

图3.6　丁家田湾厕所选址

（a）厕所1选址；（b）厕所2选址

2. 厕位

据笔者调研统计，丁家田湾厕所1总共有8个厕位，其中男厕厕位4个，女厕厕位4个；厕所2总共有8个厕位，其中男厕厕位4个，女厕厕位4个。男女厕厕位比例为1:1，如图3.7所示。

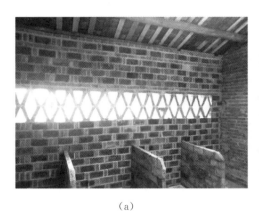

（a）   （b）

图 3.7　丁家田湾厕所厕位

（a）厕所 1 厕位；（b）厕所 2 厕位

3. 丁家田湾厕所的建筑形态和风格

　　丁家田湾的两个厕所都依路而建，利用山地地形，采用筑台式，具有山地特色。两个厕所都为现代与传统相结合的建筑形式，因丁家田湾近期进行了修复工作，两个厕所建筑风格一致，与村落的整体环境较协调，在建设过程中不仅考虑了功能性的需求，而且考虑到了细节方面，如图 3.8 所示。

图 3.8　丁家田湾厕所建筑形态

4. 丁家田湾厕所外环境

丁家田湾厕所近期得以修复，外环境设计比较统一。两个厕所均位于道路附近，无休息空间。厕所周边植物主要以灌木和紫薇为主，看上去规划得很好，但因修复时间不长，植物还处于生长期，遮蔽效果不理想。

① 厕所 1

厕所 1 紧靠主道路，厕所右靠池塘，无休息空间。厕门两侧没有种植植物，厕所前方有 4 棵银杏树，植物搭配得较为简单，如图 3.9 所示。

图 3.9 丁家田湾厕所 1 外环境

② 厕所 2

厕所 2 位于人字形路口旁，后面有小路穿过，无休息空间。厕门两侧配有低矮灌木和紫薇，搭配得较为整齐，景观效果较好。因修复时间不长，植物还处于生长期，遮蔽效果较差，如图 3.10 所示。

图 3.10 丁家田湾厕所 2 外环境

5. 丁家田湾厕所的细节

丁家田湾与丫头山村一样没有无障碍设计，没有洗手台；厕位与厕位之间也只是简单地被隔开，没有厕门进行遮掩；厕所的通风和采光采取自然方式；后期清扫维护工作不到位，厕所内较脏乱；村落内没有厕所导向标识；均为旱厕，如图 3.11 所示。

3.2.3 小结

丁家田湾也是被纳入中国传统村落的湖北村落之一。这里的厕所都是独立式厕所，配套设施不全，其中公共厕所的问题尤为突出。公厕外环境形式较单一，没有起到较好的美化作用；细节设计没有考虑人性化需求，缺乏无障碍设计、厕所导向标识等。整体呈现出"脏""乱""差""少"等情况，并且还存在着厕位比例不协调、厕所布局不合理、厕所档次低、标识牌不清晰等问题。厕所的便捷性、隐蔽性、环保性及人性化都不太理想。

图 3.11 丁家田湾厕所细节

3.3 百丈崖村厕所

3.3.1 百丈崖村概况

百丈崖村位于湖北省黄冈市团风县贾庙乡，因山沟东侧有被称为百丈岩的大山而得名。百丈崖村现存的林氏老屋建筑群只是百丈崖村林家房屋的一小部分，林家的房屋曾多达 2000 余间，并修筑了高 3 m、宽 0.5 m、长 1000～1500 m 的石砌寨墙将 3 个湾子围起来，寨墙上修有哨楼，寨内建有花园。林氏老屋建筑群就屹立在此，整个村落充满了古色古香的文化气韵，一栋栋建筑诉说着历史的故事。

3.3.2 百丈崖村厕所概况

1. 选址

百丈崖村共有 3 个厕所，均为独立式厕所。厕所 1 位于进村主道路路口边，厕所 2 与厕所 3 相邻，位于人口集中居住的下坡路段，如图 3.12 所示。

2. 厕位

百丈崖村厕所 1 共有两个厕位，其中男厕厕位 1 个，女厕厕位 1 个；厕所 2 共有 4 个厕位，其中男厕厕位两个，女厕厕位两个；厕所 3 共有两个厕位，其中男厕厕位 1 个，女厕厕位 1 个，均已被弃用。男女厕厕位比例为 1∶1。

（a） （b）

图 3.12 百丈崖村厕所选址

（a）厕所 1 选址；（b）厕所 2、厕所 3 选址

3. 百丈崖村厕所的建筑形态和风格

百丈崖村厕所在设计和建造时充分利用山地地形，采用筑台式。新建的厕所完全仿照现代都市厕所进行规划设计，失去了当地的文化特色，造型突兀，颜色跳脱，与村落整体景观不协调，既没有整体性，又没有美观性。原有的厕所虽与整体景观相融合，但设施老旧，无法继续使用。

4. 百丈崖村厕所外环境

百丈崖村厕所虽近期得以修复，但对厕所的外环境基本没有进行规划设计。厕所都位于道路附近，无休息空间，周边没有植被进行遮挡。

① 厕所 1

厕所 1 位于进村主道路旁，左侧为进村小径，右侧有自山上蜿蜒而下的溪流，有条小路与道路相连，前面无休息空间，厕所周边杂乱地生长着许多野草，厕所旁有一棵香樟，对厕所没有遮蔽作用，美观性差，如图 3.13 所示。

② 厕所 2

厕所 2 位于一条下坡路旁，前方无休息空间。厕所前方有棵小香樟树，景观效果差，背面为斜坡，空间很宽敞，无遮挡，如图 3.14 所示。

图 3.13 百丈崖村厕所 1 外环境

图 3.14 百丈崖村厕所 2 外环境

③ 厕所 3

厕所 3 位于新建厕所（厕所 2）旁，也在下坡路旁，无休息空间。厕所前有棵小香樟树，景观效果差，遮挡作用不强，美观性差，如图 3.15 所示。

图 3.15 百丈崖村厕所 3 外环境

5. 百丈崖村厕所的细节

百丈崖村厕所 1 没有任何无障碍设计，没有洗手台，通风和采光均采取自然方式，效果较差，厕所内光线较暗，异味明显，卫生条件较差，有男女厕所标识，没有导向标识，为旱厕；厕所 2 也没有无障碍设计，仅男厕有洗手设施，设备简陋，厕所的通风和采光也采用自然方式，虽是现代厕所造型，但是没有通电，没有换气扇，有厕门，有男女厕所标识，没有导向标识，为冲水型厕所；厕所 3 过于老旧，已经被弃用，通风和采光采用自然方式，异味明显，内部脏乱，没有男女厕所标识，为旱厕。如图 3.16 所示。

图 3.16 百丈崖村厕所细节

3.3.3 小结

百丈崖村厕所主要位于道路旁，较为便捷，分布合理，但新建的厕所完全采用现代城市风格，失去了当地特色，且给人以突兀感，与村落整体风格不协调，但后期维护工作做得较好；厕所外环境简单，绿化不够，没有设置休息空间；厕所内部设施不全，没有人性化设计，通风和采光需更加合理化。

3.4 乌石岩村厕所

3.4.1 乌石岩村概况

乌石岩村位于湖北省黄冈市罗田县河浦镇肖家垸，已被列入第二批中国传统村落名单中，村中明清古建筑较多。乌石岩村总面积约 0.5 km²，村内现有 50 多户居民，共 200 多人，建筑历史可追溯至明末清初。该村落初建于明朝末年，当时一户村民为躲避战乱而迁居于此。经过几百年的繁衍生息，该村逐渐形成了现在的规模。近年来，乌石岩村大力倡导保持乡土特色，大部分民居在原有的建筑基础上被改建，面貌焕然一新，给人一种传统与现代相结合的美感。村落周围大树环绕、莺飞草长，并且当地正在建造一座关于当地历史和特色的博物馆，吸引了众多游客前来体验这里的乡土人情。如图 3.17、图 3.18 所示。

图 3.17 乌石岩村民居

图 3.18 乌石岩村生活环境

3.4.2 乌石岩村厕所概况

在本次调研中，笔者选取了当地具有代表性的公厕进行分析，它们分别是极具年代感的黄土砖旱厕、后期修补粉刷过的红砖水泥旱厕和现代经济型公厕（水厕）。这些公厕通过时间线被联系在一起，生动地展示了当地公厕的发展历程，同时也能够体现出我国关于"厕所革命"这一策略的落实成效及人们思想上的进步。

1. 乌石岩村厕所 1

① 选址与概况

厕所 1 为黄土砖旱厕，位于村落右边的一条内部山路旁。这个黄土砖旱厕由两部分组成，左边是两间横向隔开的厕所，右边是杂物间（图 3.19），此公厕整体长约 6 m，宽约 3 m，杂物间宽约 2 m，建筑基础由青砖和碎石板堆砌而成，整体采用烧制黄土砖建造。据当地村民介绍，该公厕已有百年历史，时至今日依旧非常坚固，并且在几十年之前，杂物间还是牛棚。

图 3.19 乌石岩村厕所 1

② 厕位与内部环境

据笔者统计，乌石岩村厕所 1 仅有两个厕位，并且无男厕、女厕之分。厕所无门，入口处用一块布遮盖，内部空间很小，一个人在里面都显得十分拥挤。厕所内有一长宽均约为 1 m 的积粪坑，坐落在厕所正下方，坑上横架一条石板供人踩踏，环境可以说是十分恶劣，如图 3.20 所示。

图 3.20 乌石岩村厕所 1 内部环境

③ 如厕体验及外部环境

据笔者亲自体验，憋屈二字可以准确诠释如厕时的感受。虽然厕所内部环境看起来不怎么样，但它的建筑风格在现代几乎是见不到的，现在的年轻人还是会对其产生一定的好奇心理，有一种想去尝试的冲动，但是体验的结果确实太糟糕。当人蹲下后几乎没有多余的空间，而且下面供人踩踏的地方仅是一条石板，丝毫不敢乱动，生怕不小心踩空或者身上的东西掉落，从而酿成

"大祸"。如果说厕所1的结构问题还能忍受的话，那么接下来的虫蚁大军就有点让人想迅速逃离了。厕所1是由黄土砖堆砌而成的，所以围墙的空隙很大，加上厕所周围是大树、野草和农作物（图3.21），导致厕所内蚊虫特别多，围绕你飞舞的苍蝇、蚊子和脚边的蚂蚁、蜈蚣像是在维护领土主权，对你疯狂暗示，想让你这个入侵者尽早离开。笔者全程一只手用纸捂住鼻子，另一只手在空中挥动驱赶着蚊子，在体验了3分钟之后终于被迫"投降"。

图 3. 21　乌石岩村厕所 1 外部环境

④ 厕所现状及粪便处理

黄土砖旱厕几乎没有人使用，因为没有设置沼气池，也没有排水系统，里面的粪便全部堆积在坑中，导致这个厕所形成了一个天然的小型化粪池，虽然里面的固化物基本完成水解，气味没有影响到路人，但是如厕时还是能够闻到浓烈的臭味，十分影响如厕的体验。据了解，当地村民会定期清理该厕所。

2. 乌石岩村厕所 2

① 选址与概况

厕所2为红砖水泥旱厕，位于乌石岩村人工湖左边的一条小路旁，背靠大山，处于村落角落，周围无人居住，厕所整体由红砖、水泥砌筑而成，整体长约3 m，宽约1 m，从中间隔开分为两间厕所。据当地村民介绍，这间公厕是30多年前修建的，如图3.22所示。

图 3. 22　乌石岩村厕所 2 选址

② 厕位与内部环境

据笔者统计，乌石岩村厕所 2 同样仅有两个厕位，并且也无男厕、女厕之分。厕所门高 1.7 m，宽仅 0.55 m，内部设有一长约 0.8 m、宽约 0.15 m 的矩形沟渠，沟渠内部放置一倾斜的木板。总体来说，厕所内部环境较为干净，如图 3.23 所示。

图 3.23　乌石岩村厕所 2 厕位

③ 如厕体验及外部环境

厕所 2 笔者没有体验，也不敢体验，厕所周围 10 m 以内的空气中都弥漫着刺鼻的恶臭。相比厕所 1，厕所 2 的外观要好一些。厕所里面是用水泥粉刷过的，内壁空隙较少，相比厕所 1，就算背靠大山，里面的虫子也并不多，但是唯独忍受不了它散发出的恶臭，让人闻而生畏。好在这间厕所建立在村子的角落，而且周围有房子和树木，能够挡住一些味道，使得这里的气味不会飘得太远。如果事发突然且只有这间厕所，只能说"小便可免，大便得忍"。

④ 厕所现状及粪便处理

红砖水泥旱厕（厕所 2）现在仍在使用，因为连接着储粪池，所以气味特别大。但这个厕所建在村落边缘并靠近山体的位置，因此这个厕所造成的空气污染并没有对村民的日常生活造成太大影响。据采访，当地中老年村民大都已经习惯了这种气味，青年和小孩则表示不能接受。厕所 2 的粪便是通过沟渠的木板汇入后方储粪池，作为当地农作物的肥料。

3. 乌石岩村厕所 3

① 选址与概况

厕所 3 为现代水厕，这个公厕建在村子的入口处，是当地近几年修建的，也是当地唯一一个自动化排水系统完善的公厕。厕所整体长为 8.4 m，宽为 3.5 m，中间是一个宽为 2.6 m 的入口。该厕所内部为非对称结构，男厕长约 4 m，宽约 3.5 m，女厕长约 3.2 m，宽约 1.7 m，男厕内部较为宽敞，女厕较为拥挤，未利用面积较大，如图 3.24 所示。

图 3.24　乌石岩村厕所 3 选址

② 厕位及内部环境

据笔者统计，乌石岩村厕所 3 共有 8 个厕位，其中男厕厕位共 5 个（站位 3 个，蹲位 2 个），女厕厕位 3 个。男厕厕位与女厕厕位比例为 1.67 : 1，男厕站位与蹲位比例为 1.5 : 1。内部环境整体来说较为一般，如图 3.25 所示。

图 3.25　乌石岩村厕所 3 厕位

③ 如厕体验及外部环境

厕所 3 是现代化公厕，从外面就可以看出这是一个新建的厕所，不论是墙壁还是地砖都比较干净。据笔者体验，厕位宽度合理，长度较短，将门关上后，头几乎能够碰到门，给人一种厕位方向弄反了的感觉，再者水流不大，有时会出现冲不干净的情况。厕所周围比较空旷，背靠大山，因为是自动化水厕，污物能够被及时冲刷并被集中储存，所以并无异味。

④ 厕所现状及粪便处理

厕所 3 虽然是近几年建成的，但却成了绝大多数村民的选择，原因是现代化水厕环境更加洁净，坑位更大。厕所 3 采用自动化排水系统将人们的排泄物通过独立设置的管道排出并集中，定期用来施肥。但仍有少部分老人拒绝更加现代化的水厕，选择了老式旱厕。据统计，老人们均表示不习惯水厕，原因是如厕习惯难以改变。

⑤ 厕所的细节

乌石岩村厕所3没有进行无障碍设计，虽有洗手台，但其高度不符合人体工程学，对成人而言过低，对儿童或坐轮椅的老人而言过高；采光采取自然和人工相结合的方式，安装有电灯，但没有连接电源，因此厕所内光线较差；厕所内没有通风口，也没有安装换气扇，没有后期维护，卫生较差；两厕之间有隔板，并安装有厕门；有男、女厕所标识，但村落中没有导向标识，如图3.26所示。

图 3.26　乌石岩村厕所 3 的细节

3.4.3　小结

乌石岩村是第二批纳入中国传统村落名单中的湖北村落之一，位于河铺镇中心位置。乌石岩村属丘陵地貌，风景优美，四周更是杨柳垂堤岸，青松披绿岗。乌石岩村的厕所可以看作沿时间长河而建，黄土砖旱厕位居上游，现代水厕落座下游，仅有的3个厕所恰似见证了乌石岩村的百年历程。这些厕所整体上外形单一，建造粗糙，自身卫生条件及外在环境较差；规划设计不合理，通风和采光效果差，厕所不能服务到所有村民；在细节上，没有设置标识，没有充分考虑到人性化需求，缺乏无障碍设计；厕所为独立式建筑，以现代风格为主，风格与村落整体景观不统一；厕所外环境过于简单，植物品种稀少且搭配凌乱，厕所前没有设置休息空间，并且厕所建设完成后没有系统地进行维护；厕所卫生条件差。经过笔者的调研，发现了其中的问题所在：新时代的文明理念和卫生观念还没有被村民普遍接受，许多人环保意识不强。

3.5　谢店古村厕所

3.5.1　谢店古村概况

位于湖北省东北部麻城市宋埠镇的谢店古村，原名为谢店村（于2016年更名为谢店古村），邻村有龙井村、周家河村。谢店古村是第四批入选中国传统村落的传统古村，村民至今保留着传统的生产和生活方式，乡风淳朴，人文底蕴浓厚，如图3.27所示。

图 3.27 谢店古村

村内，非金属矿产资源（如硅、石英、云母）和金属矿产铁砂有一定储量。野生动物有野猪、野兔、豺狗、狼等 20 余种。野生动物中的禽类有野鸡、鹰、土画眉、斑鸠、白鹭、大雁、喜鹊等。村内主要企业有石材料厂、玻璃厂、针织厂、农具厂，主要农产品有欧洲萝卜、山药、哈密瓜、阳桃、菠萝、美国香瓜、枣子、沙果、小胡瓜。村内还有铁钒土、石膏、钴、镓、红柱石、赤铜矿等。这里山清水秀，村民们热情好客。谢店古村是一个淳朴与现代气息浓厚的新型农村示范点。

3.5.2 谢店古村厕所概况

1. 谢店古村厕所平面布局

谢店古村的厕所主要分布在一些重要区域的节点上，数量相对较少，无法满足日益增多的景点和游客需要。

2. 谢店古村厕所建筑形态

如今，一些农村建筑以模仿城市建筑为傲，一片片的"水泥盒子"与乡村环境格格不入。谢店古村的建筑主要是以青砖建筑为主，架梁采取硬山搁檩样式，木雕精美细腻，多建有牌坊屋等。如图 3.28 所示。

图 3.28 谢店古村厕所建筑形态

3. 谢店古村厕所建筑材料

谢店古村厕所根据材料可分为传统石砌旱厕与现代青砖旱厕两类。石头是当地传统建筑的主要材料，取自村落周边石山；而青砖一般由村外砖窑运入，如图 3.29 所示。

图 3.29 谢店古村厕所建筑材料

4. 谢店古村厕所管理

厕所三分建七分管。谢店古村在厕所管理方面比较欠缺。他们并未安排保洁人员和相关的管理人员，来保证日常的清洁和及时确保设施设备正常运行。这导致厕所始终臭气冲天，夏天蝇蛆成群，冬天大便冻结，不仅污染了环境，而且极易导致病毒的传播，严重影响农村的环境卫生和人们的身心健康。

5. 谢店古村厕所文化

中国是历史悠久的文明古国，卫生文明也得到了长足的发展。据史料记载，中国是世界上最早颁布公共卫生法规的国家。《辞海》中提到，厕所是大小便的地方；《说文解字》中也提到，"厕，清也"……古代的中国有一整套的厕所卫生管理监督系统。但是发展到现代，中国农村厕所文明水平大大落后于世界平均水平。

习近平总书记强调，厕所问题不是小事情，是城乡文明建设的重要方面，不但景区、城市要抓，农村也要抓，要把这项工作作为乡村振兴战略的一项具体工作来推进，努力补齐这块影响群众生活品质的短板。由此可见厕所文化的重要性。谢店古村厕所设计简陋，搭建随意，与该村的民俗博物馆（图 3.30）形成了鲜明的对比。

图 3.30　谢店古村民俗博物馆

3.5.3　谢店古村厕所存在的问题

① 数量不足，布局不合理，无法满足需求

谢店古村的厕所主要分布在重要区域上，数量少，没有考虑服务距离、瞬间人流承受负荷、所处环境等因素。厕所的室内功能布局也只是简单地解决大小便的需求，未能从人性化的角度出发。

② 虫蚊滋生，传播疾病，危害人的身体健康

人畜共患病的问题在农村地区十分常见。此外，农村地区很多传染病是由厕所粪便污染和饮水不卫生引起的，其中与粪便有关的传染病达 30 余种。

③ 旱厕保洁难度大，不容易打扫清理

旱厕清理劳动强度比较大，环卫工采取肩挑手挖的方式对旱厕定期进行清理挖空。这导致环卫工因为劳动强度大，身体疾病发生的概率不断上升。随着社会的发展，车辆不断增多，旱厕布局相对分散，在服务地点停车十分困难，旱厕狭小的空间很难使环卫车辆进入作业，环卫工只能肩挑几十斤重的粪桶走几十米甚至上百米，工作十分辛苦，环卫工数量不断减少。

④ 通风采光效果极差

谢店古村的厕所仅在两侧留有小面积的窗口，不能确保其通风效果好。其次，厕所内部没有灯，靠两侧的通风口采光，不足的光线使得本身具有仿古特色表面的厕所显得极其昏暗。

3.6　喻畈村大董家湾厕所

3.6.1　喻畈村大董家湾概况

喻畈村大董家湾位于红安县永佳河镇，地处经济相对落后的大别山区，山清水秀，是一个自然景观与人文景观并存的百年古村落。这里有"秋水共长天一色"的尾斗湖，村民们沿着村中修建的环湖栈道漫步，浅行于山水之间，欣赏着葫芦湾的醉人风光，

穿梭在一片又一片的油菜花地间，享受着难得的诗意般的生活。喻畈村大董家湾虽历经无数风吹日晒，但整个村落建筑仅仅做了部分的修缮和改造，依然保留着最初的建筑原貌。古老的房屋（图3.31）沿袭着百年前的建筑方式，都是典型的青砖瓦屋，是名副其实的百年古村。近几年来，喻畈村大董家湾在坚持生态优先的原则上，大力突出乡土特色，打造了"民宿组团隐于山林，山、水、村一体"的自然景观（图3.32），形成了"一线串十景，四水藏三院"的格局。此外，他们在原传统古建筑的基础之上，合理规

图3.31　喻畈村大董家湾民居

图3.32　喻畈村大董家湾自然风光

湖北山地型传统村落厕所建设及相关民俗文化研究

HUBEI SHANDIXING CHUANTONG CUNLUO CESUO JIANSHE JI XIANGGUAN MINSU WENHUA YANJIU

划，将残破和被废弃的建筑重新改造成新民宿，并不断改善周边环境，吸引了许多有乡土情结的人来到这里实现他们的田园梦。

3.6.2 喻畈村大董家湾厕所概况

1. 喻畈村大董家湾厕所 1

① 选址与概况

喻畈村大董家湾厕所 1 为独立式水厕，位于大董家湾通向葫芦湾的一条小路旁，厕所四周树木较多，不太容易寻找。（图 3.33）

图 3.33　喻畈村大董家湾厕所 1 选址

② 厕位

喻畈村大董家湾厕所 1 共有 5 个厕位。其中，男厕厕位 3 个，在左边；女厕厕位 2 个，在右边。男厕厕位数与女厕厕位数的比例为 3 : 2。

③ 厕所风格和直观感受

厕所 1 是为了满足居民去往葫芦湾途中的如厕需求而修建的。厕所 1 修建时没有结合当地建筑特点，外形简陋，且没有较为显眼的男女厕所标识。厕所内虽没有"脏、乱、差"的现象，但依然有刺鼻的气味，极大地影响了如厕的体验。

④ 厕所内外环境

厕所外树木花草较多，导致厕所内蚊虫较多。路边没有厕所指示标识，仅有一条小路通往厕所，因此厕所较为隐蔽。排污管、储粪池在厕所后方，仅有几块木板遮盖，厕所周围的气味较浓。树木较多导致了厕所的通风性、透光性较差。厕所内没有电灯等照明灯具，只适用于白天使用，且厕所内走道较为狭窄，只能容纳一人正常通过。厕所 1 内环境如图 3.34 所示。

图 3.34　喻畈村大董家湾厕所 1 内环境

2. 喻畈村大董家湾厕所 2

① 选址与概况

喻畈村大董家湾厕所 2 位于通往葫芦湾的小路边，为独立式旱厕，使用红砖、水泥简单堆砌而成，外观相当简陋。由于是在路边的一块空地上，厕所 2 较容易被人们发现。（图 3.35）

图 3.35　喻畈村大董家湾厕所 2 选址

② 厕位

喻畈村大董家湾厕所 2 共有 2 个厕位。其中，男厕厕位 1 个，女厕厕位 1 个。男厕厕位数与女厕厕位数之比为 1∶1。

③ 厕所风格和直观感受

喻畈村大董家湾厕所 2 的建筑风格毫无特色，仅采用红砖、水泥简单堆砌而成，且此旱厕没有封顶，高度较低，就像是一"露天厕所"。用料简单，堆砌方式单一，致使此厕所存在一定的安全隐患。

④ 厕所内外环境

喻畈村大董家湾厕所 2 建于路边空地上，由于无任何排污系统，因此储粪池中粪便堆积，刺鼻的气味对周边环境造成了极大的不良影响。厕所内卫生情况较差，空间狭小，无任何封顶，如厕私密性无法保证。喻畈村大董家湾厕所 2 内环境见图 3.36。

图 3.36 喻畈村大董家湾厕所 2 内环境

3. 喻畈村大董家湾厕所 3

① 选址与概况

喻畈村大董家湾厕所 3 为一独立式旱厕，也是后期修建的，
位于从葫芦湾返回大董家湾民宿的路上，且在路边。由于没有为
此公厕修筑一条路，因此如厕时需要穿过小片草丛。（图 3.37）

图 3.37 喻畈村大董家湾厕所 3 选址

② 厕位

喻畈村大董家湾厕所 3 有 6 个厕位。其中，男厕厕位 3 个，
女厕厕位 3 个。男厕厕位数与女厕厕位数之比为 1∶1，厕位与厕
位之间无任何隔断。

③ 厕所风格和直观感受

厕所 3 就是普普通通的农村旱厕。这个厕所令人感到疑惑的

是，厕位与厕位之间不是相互独立的，没有任何的遮挡。不知道当初建造时是不是忽略了这个问题。在此种环境中如厕，毫无私密性可言。其次，由于是旱厕，储粪池（图3.38）就在厕所后方，且无任何的遮挡，刺鼻的气味充斥在整个厕所当中，如厕环境较差，卫生状况也令人担忧。

图3.38　喻畈村大董家湾厕所3储粪池

④ 厕所内外环境

厕所3内厕位间毫无遮挡，无任何照明灯具，储粪池无任何遮挡，没有排污系统，使得此旱厕散发出刺鼻的味道。并且此公厕建在从葫芦湾回大董家湾民宿的路上，因此会影响游客的游玩体验。厕所外部受储粪池的影响，充斥着让人难以忍受的气味。不好的卫生状况招致了较多的蚊虫。

4. 喻畈村大董家湾厕所4

① 选址与概况

该厕所位于大董家湾村落当中，是留存下来的老式旱厕，现在已经无人使用。该旱厕修建在一住房旁。（图3.39）

图3.39　喻畈村大董家湾厕所4储粪池

② 厕位

此老式农村旱厕仅有一个厕位，见图3.40。

图 3.40　喻畈村大董家湾厕所 4 厕位

③ 厕所风格和直观感受

喻畈村大董家湾厕所 4 由一些青砖和石头堆砌而成，堆砌的"石头墙"的高度仅到人们的腰间，且此旱厕没有封顶，储粪池位于旱厕后，无任何遮挡。经过了数年的风吹雨打，这一旱厕显得岌岌可危，像是随时都可能倒一样。虽然已经无法让人使用，但是它的存在让我们看到了几十年以前，当地的居民是在怎样的一个环境下如厕。

3.6.3　喻畈村大董家湾厕所存在的问题

1. 粪便没有进行无害化处理

近些年来，喻畈村大董家湾致力于打造以乡野为特色的民宿，以吸引更多的游客来葫芦湾，来尾斗湖。但是在调研的过程中，笔者发现，从大董家湾民宿到葫芦湾和尾斗湖等景点的路途中，会经过以上几个公厕，它们共同存在的问题是排污系统不合理，且由于大多数公厕是旱厕，储粪池的设计不合理导致这些公厕的周围始终弥漫着刺鼻的气味，与葫芦湾、尾斗湖"水天一色"的美景形成了鲜明的对比，极大程度上影响了人们的游玩体验。因此，对这些旱厕中的粪便进行无害化处理显得尤为重要。这不仅可以改善如厕的环境，更能改善周边环境，对本地居民和游客，都是有好处的。

2. 保洁难度大

旱厕虽然构造简单，且建造较为容易，但是建造质量参差不齐，且保洁难度大。以往，人们采取"肩挑手挖"的方式对旱厕定期进行清理。这使得旱厕保洁人员的劳动强度大，同时患疾病的概率不断增加。村落中道路较为狭窄，不利于车辆进出，且旱厕在村落中的布局相对分散，因此保洁人员只能肩挑几十斤重的粪桶走几十米甚至上百米，这增加了他们的工作量，最终导致没有人愿意去完成此项工作。

3. 厕所规划、选址、服务半径不合理

首先，喻畈村大董家湾的厕所在规划和选址方面不合理，有一些公厕选建在被树木遮挡的地方，不易于被人们发现。其次，大多数的公厕周边花草树木众多，导致厕所内蚊虫滋生。再次，在大董家湾民宿通向葫芦湾、尾斗湖等旅游景点的必经之路上厕所偏少，存在"长距离少厕所"的现象。最后，作为旅游景点的葫芦湾周边近距离范围内没有公厕供人们使用。

4. 厕位少且比例不合理

在所调研的 3 个供人们使用的公厕中，笔者发现，厕位都较少，最多的公厕厕位是 6 个。近年来喻畈村大董家湾开发了民宿及一系列的自然景点，由于开发不久，来此地游玩的人们不是很多，但随着未来的发展，越来越多的人会慕名前来欣赏乡土风光。因此，公厕厕位数应该适当增加，同时考虑到女性使用厕所的时间相较于男性要更久一点，应当适当地调整男女厕厕位的比例。

5. 厕所标识牌不清晰

在调研喻畈村大董家湾厕所的过程中，笔者留心观察了每一个公厕是否有标识牌，最终发现所调研的 3 个公厕均没有标识牌。有的在公厕的墙上简单刻上了男女厕所的标记，有的公厕甚至连男厕、女厕都未标识。由于村中的小路很多，在没有当地居民带路的情况下，外地来的游客很难分辨出方向。对于当地居民来说，标识牌显得没有那么重要；但是对于从外地来的游客来说，标识牌是很重要的指明方向的工具。如何有效地用简单的标识牌清楚地指明方向，这是需要考虑和解决的问题。

6. 厕所建筑风格与周边环境未和谐统一

喻畈村大董家湾之前的公厕老旧，基本都是简单搭建的公共厕所，后期新修建的厕所建筑风格无特色，与拥有百年历史的民居的建筑风格很不协调。单一的厕所建筑风格和样式，还与正在大力开发中的葫芦湾、尾斗湖的优美景色不和谐，在一定程度上影响了游客们的体验感。有几处厕所只是用红砖、水泥简单堆砌而成，没有任何美感可言。

7. 厕所的安全性以及私密性

喻畈村大董家湾部分厕所厕位没有被隔开，使人在如厕的过

程中感到相当尴尬。另外，许多厕所用料简单，结构简单，建造工艺粗糙，存在安全隐患。

8. 厕所档次较低

喻畈村大董家湾开发了许多自然景观和人文景观，在朝着旅游的方向发展，但是其公厕没有达到旅游景点公厕的标准，公厕的外观过于简陋，与当地的自然景观及人文景观极不协调，公厕的档次较低，只能满足人们的如厕需求。另外，在大部分的公厕前面无任何景观设置，这也拉低了厕所的档次。

9. 厕所采光效果不好

喻畈村大董家湾公厕均采用自然采光的方式，公厕内没有任何灯具。由于部分公厕建在周边都是高大树木的地方，树木的遮挡导致自然光无法很好地照射在公厕内，从而使得公厕内显得阴暗潮湿。照明灯具的缺乏，也使得在太阳光不充足或者傍晚的时候，人们无法正常使用公厕。

10. 厕所通风效果不好

在对喻畈村大董家湾的公厕进行调研的过程中，经常会有刺鼻的气味扑面而来，而在使用公厕的过程中，刺鼻的气味更浓。由于公厕建在花草树木居多的地方，在一定程度上影响了其通风效果。

3.7　祝楼村厕所

3.7.1　祝楼村概况

祝楼村（图3.41）位于湖北省红安县，村庄坐北朝南，依山傍水，东西两侧被群山环抱。村庄内有3条平行巷道，每条巷道内有居民5～7户，共有大小院落30多个，房屋300多间，建筑面积约30000 m²。黑与白是祝楼村古民宅的两种主色，原始、去商业化是建筑的主要风格。高耸的马头墙显示着祝楼村人过去的荣耀，古宅中的天井保证了屋内的采光和空气流通，风格独特的木雕与石雕点缀在门、墙、窗、橼、宗祠牌坊上。它们都有好几百年的历史，游客深入村中后能感受到浓郁的荆楚文化气息。

民居以巷道为单元，既相对独立，又户户相通，是以血缘关系为纽带的家族关系在建筑布局上的反映，为研究鄂东民居发展史提供了重要的实物。在祝楼村居住的多为祝氏后裔。据《祝氏家谱》记载，元末明初，祝氏祖先跋涉千里，自江西迁往现址，历经600余载，至今已绵延23世。祝楼村古民居、古巷道至今大多数保存完整。2012年12月，国家住房和城乡建设部、文化和旅游部、财政部联合发文，确认祝楼村为"中国传统村落"。

图 3.41　祝楼村

3.7.2　祝楼村厕所概况

1. 选址

在调查祝楼村厕所的过程中，发现了一个新建的现代公共厕所和一个被废弃的旱厕，如图 3.42 所示。现代公共厕所在村子的 T 形路口，十分显眼。被废弃的旱厕位于村子入口不远处的右手边，被些许树木遮蔽，该厕所旁边就是民居建筑群。

　　　　（a）　　　　　　　　　　　　　　　（b）

图 3.42　祝楼村厕所选址
（a）新建的现代公共厕所；（b）被废弃的旱厕

2. 厕位

据统计,祝楼村新建的现代公共厕所共有 16 个厕位。其中,男厕蹲便池厕位 5 个,小便池厕位 3 个,女厕厕位 8 个。男女厕厕位比例为 1:1。被废弃的旱厕的男女厕厕位各 2 个。如图 3.43 所示。

(a)   (b)   (c)

图 3.43 祝楼村厕所厕位

(a) 现代公厕的蹲便池厕位;(b) 现代公厕的小便池厕位;(c) 被废弃旱厕的厕位

3. 祝楼村厕所的建筑形态和风格(图 3.44)

祝楼村依路而建的公共厕所在村子的入口处,地势较低,属于独立式公厕。所谓独立式公厕,是指公厕建筑结构与其他建筑物结构无关联,独立建造于出入口等附近。独立式公厕建筑造型比较自由,可以结合村子的自然环境、景观风格、文化内涵将其设计成与环境融合的、有特色的公厕建筑。相对于其他类型的公厕,独立式公厕占地面积较大,在清理粪便时较为方便,不影响周边环境。带有屋檐的厕所的窗户、门口的墩柱用的是木框架,屋檐的细节有徽派建筑的风格。从祝楼村保留下来的古老房屋的建筑风格来看,祝楼村的公共厕所融合了当地文化特色,外墙是奶黄色,景观性和整体性很好。

被废弃的旱厕底部用大石块堆砌而成,上面用红砖堆砌而成。由于长时间无人使用,旱厕顶部已经被毁坏,墙壁已经有了裂缝,门口用布帘来遮蔽,厕所的背部是一个露天的储粪池。

图 3.44 祝楼村厕所建筑形态和风格

图 3.45 祝楼村现代公共厕所

图 3.46 祝楼村旱厕

4．祝楼村厕所外环境

祝楼村的厕所外部比较杂乱，长满了杂草，从主干道到厕所之间没有一条完整的小道，让人感觉厕所已被废弃。

① 现代公共厕所（图 3.45）

祝楼村厕所的外环境设计比较简单，主干道一旁的田地里，四周长有各种杂草，由于无人修理和清除，有的杂草的高度已经接近人的膝盖，厕所正门的一部分被杂草遮挡住了。远远看去，公厕像坐落在一堆杂草之中。除此之外，没有修建一条专门从公路到厕所的道路。公厕四周空旷，前面没有供人休息的空间，周围也没有设置垃圾桶。

② 旱厕（图 3.46）

被废弃的旱厕位于村子入口的右侧，厕所周围长满了杂草，附近是民居建筑。该厕所可能是为了方便附近的几户居民使用，因为从外部来看，该厕所附近没有一条方便人们行走的道路，周围全是土坡和碎石。该废弃的旱厕相对来说比较隐蔽，外来的人到此很难一下子找到。由于被废弃和无人管理，该旱厕破旧不堪，露天的储粪池在夏天散发出难闻的气味。

5．祝楼村厕所的细节（图 3.47）

祝楼村现在使用的公共厕所的所有设施设备都比较齐全。男女厕所门口都有标识，厕所上部两边都有窗口，通风和采光较好，进去后没有多少异味。每个大便池都用独立的门和隔板分开，还有垃圾篓。男厕小便池同样设有挡板。男女厕所内各设有两个盥洗盆。从内部来看，该公共厕所与城市标准的厕所无异。但由于缺少管理和打扫工作不及时，该公共厕所的多个便池内残留了一些排泄物，卫生条件较差。

祝楼村被废弃的旱厕，两个蹲位都是由石板块放置而成，空间十分狭小，进入厕所的门仅 1.6 m 高，建造得十分简陋，使用起来极不方便，存在着较大的安全隐患。

3.7.3 祝楼村厕所存在的问题

（1）规划和选址不合理

在调研走访过程中，笔者发现祝楼村的公共厕所选址存在以下问题：早期建设的公厕在布局方面不科学、不合理。为防止给整体村落造成"视觉污染"，早期建成的公厕大都隐蔽在偏僻的角落。

图 3.47 祝楼村厕所细节

（2）没有对废弃旱厕进行专业处理

旱厕臭味大，污染环境，对人民群众的身体健康影响很大。同时，由于受地形和水资源等条件限制，农村不能全部采用水厕。在现有条件下，如何改善旱厕是建筑工作者的一个很重要的课题。

目前，祝楼村被废弃的旱厕已经很少有人使用了。厕所顶部已经没有了，除了入口处还有墙面，后侧全部倒塌。由于用料简单和缺乏维修，墙体也不稳固。厕所后面连着一个宽 0.5 m、长 3.5 m 的长方形粪池。

虽然该旱厕被废弃了，使用它的人极少，但是这种废弃的旱厕所带来的影响不容小觑：

① 年久失修，卫生状况差，影响环境

旱厕年久失修，卫生状况十分差。当夏季来临，粪便在高温下发酵，产生臭气，污染环境。此外，村落形象受损，村落的游客量受到影响，当地的旅游经济也因此受到损失。

② 蚊虫滋生，传播疾病，危害人体健康

夏季是蚊虫滋生的季节，旱厕为蚊虫滋生提供了条件，蚊虫携带病毒，在人群中进行传播。此外，旱厕中滋生的苍蝇随意沾染食物，引发食品安全问题。

总之，废弃的旱厕如果再不加以处理，将会带来更多的后续问题。

（3）厕所服务半径不合理

祝楼村整体面积不大，长期居住在此的村民大都是老人，年轻力壮的村民大都选择了外出打工。村子拾坡而上布置厕所，厕所距离民居有一段距离，不便于老人使用。另外，游客来到祝楼村主要是为了欣赏保留下来的传统建筑、民俗文化，"长距离少厕所"的不合理布局给游客带来了不便。

（4）厕所标识牌不清晰

无论是在厕所旁的道路上，还是在进入村子长数十米的道路上，或是在村子里，都没有设置指引厕所位置的标识牌来引导游客，给游客的如厕带来了极大不便。

（5）厕所缺乏正规的管理

祝楼村现代公共厕所作为祝楼村里唯一的较标准化的厕所，存在着无人管理的情况，导致卫生情况差，使用率低，在一定程度上造成了资源浪费。

长期以来，城市里的公共厕所完全是由政府提供，公厕的规划、建设及运营管理都是由政府全权负责。随着城市的快速发展，对公厕的数量和档次的要求越来越高。但乡村的公厕建造一般是由政府主导，村民参与，在管理过程中政府没有做好宣传工作，村民主动参与的积极性不够。

（6）厕所缺少人性化设计

人性化既是一种理念又是一种人文关怀。每个事物都有着复杂性，不能一概而论，建造厕所更是如此。祝楼村范围本就不大，老龄化的现象明显，应加强对老弱群体的关爱与重视。

同中国很多村落一样，祝楼村也有人口"空心化"现象。祝楼村里大都是一些老人。老年人的生理机能下降、行动缓慢、小便频繁。而祝楼村在规划设计时没有着重考虑老年人，没有较好地体现出人性化。

（7）建筑环境差

① 建筑外环境

在祝楼村厕所的外部环境中，有以下几个问题。一是厕所附近没有设置垃圾桶和集散、休闲的场所。该厕所建造在一个很宽敞的地方，完全有空间用来修建一个休息场所。另外，一般的厕所附近都会设置垃圾桶，以供人们弃置一些垃圾废物，而在此附近很难快速找到一个垃圾桶，容易导致垃圾二次堆积，影响村落环境卫生。二是厕所周围长满了高低不一的杂草，影响美观，而且显得厕所档次低。三是通向厕所的交通流线不合理，不方便人们使用。

② 建筑内环境

公厕室内部分设施出现了问题，导致排泄物残留在大便器上，再加上缺乏定期清理，影响如厕者的感官感受和心理感受。厕所内虽设置了洗手池但是没有安装镜子，显得厕所档次较低。

3.7.4 祝楼村厕所改造建议

（1）重新改造废弃旱厕

被废弃的旱厕百害而无一利，不但不能供人解决生理的需求，反而会危害环境系统和人们的健康。

农村厕所改造是农村环境生态化建设的重要内容，要把厕所改造与农村环境建设的其他方面有机结合起来。中国传统的"无废弃农业"是生态工程最早和最生动的一种生态循环模式。有学者称"为什么四大文明古国中唯一传承至今的只有中国？其中一个原因就是，中国人懂得把粪便作为资源利用，使得粮食能维持人口的需要"。这种循环模式，让我们中华文明繁衍生息了几千年，基于这一传统，农村一直保留着使用旱厕的习惯，在对有机肥有特殊需求的村庄或偏远山区，应尽量将粪便、污泥保留下来后将其转化为有机肥料。粪便、尿液都可以通过技术被转化为农业需要的肥料，农业的废弃物再经过转化就变成生活中需要的物质。这样，既保留下了宝贵的有机废弃物资源，又能形成良好的物质的生态循环。

（2）改善厕所外的环境

首先，修建一条从交通主干道到厕所的小路，不论是碎石路还是水泥路，这样可以提高厕所的使用率。其次，定期修剪杂草，有的杂草顺着墙面向上延伸，与厕所建筑呈现的大气风格格格不入，影响厕所的整体美观。再次，设置休息空间和垃圾桶。

（3）系统管理厕所

目前中国在进行"厕所革命"，大多数村落都已经修建了较标准的厕所。祝楼村也建造了现代公共厕所，配备了较完善的设施，以供当地人和游客使用。虽然在政府的资助和帮助下，各个村子修建了美观、干净又卫生的公厕，但是时间一久，这个厕所变得"暗淡"了，排泄物残留，冲水器被毁坏掉。

这其中的哪个环节出现了问题呢？厕所没有定期清理。人类的粪便是滋养农作物的肥料，但如果它们在厕所里不被清理掉，将给当地的环境和居民生活带来很大影响。

有的城市里有比较系统化的一个模式（甚至是公司）去管理和运营厕所。那么在村子里，厕所如何管理？首先，加大宣传力度，增强人们的卫生意识。人们有了卫生意识，厕所的干净程度一定会得到很大的改观。要想改变一件事情，得从根源的思想问题上去解决。其次，做好设施的报备更换工作。设备难免会出现问题，如冲水器不出水、大便池被堵塞等。定期的检查和更换是很有必要的。再次，政府部门可以适当拿出一部分的补贴，让村子中生活困难但又不适合干农活的人管理公共厕所。这样，既解决了他们的生活困难，又改善了厕所的卫生情况。

（4）健全机制

改厕与老百姓生活息息相关的举措，需要各级政府工作人员，尤其是村干部做耐心细致的工作。但有的村干部认为，厕所对于农民来说无关紧要。有的地方虽然很重视，但由于政策不明确，农民改厕的积极性调动不起来。这些都不同程度地影响了农村改厕工作的顺利开展。再加上有些村干部工作责任心不强，造成改厕工作的宣传不到位。另外，农村改厕涉及千家万户，仅靠一个部门是办不了也办不好的。就当前现状而言，有关部门未能真正联合起来。建设、环保、卫生等部门没有明确职责分工，难以形成合力。因此，建立齐抓共管的全面管理机制势在必行。

3.7.5 小结

祝楼村在 2019 年 1 月被列入第七批中国历史文化名村名单中。笔者亲自到此探访后感受到了这里所遗留下来的文化。笔者当天到达时，刚好碰到一家人开车到此游玩，他们同笔者一起在村主任的带领下进村，从祠堂到有特点的建筑民居，感受到了浓浓的传统文化的气息。

祝楼村不缺乏固有的魅力和特点，能够吸引一定量的游客前往此处参观和游览。但祝楼村厕所的问题非常明显。一个村落里仅有一个独立的公共厕所，数量肯定是少了，主干道上前后还连接着其他村落。一个废弃的旱厕破烂不堪，也无人使用，极大影响了周边带着艺术气息的建筑。夏天时那个废弃的旱厕更是臭气熏天。毫不夸张地说每一次寻找村落"问题厕所"时，几乎都是靠着鼻子，笔者经常自嘲"闻着味了，应该不远了"。废弃旱厕的问题一定要早日解决。即使是新修建的公共厕所，也有些许的遗憾之处，主干道到厕所之间没有道路，晴天时踏过的是寸寸绿草，阴雨绵绵时，那就只能走泥巴路了。厕所周围环绕的是满满的杂草，没有任何美观性。如若有废弃物想丢弃，只能去厕所内找便池旁的篓子。公厕的外观设计几乎没有结合当地传统民居的特色，显得与周围格格不入。在老人居多的村子里，没有道路，没有上下行的坡道，少了人性化的设计。相比较而言，新修建的公共厕所比废弃的旱厕干净、卫生，受到大多数村民认可，尤其是苍蝇、蚊子数量明显减少，环境卫生状况明显改善了。高压冲水装置能够在一定程度上方便人们冲洗厕所，保证了厕所的卫生效果。

总体上看，"厕所革命"已经开始推进了，但是在极少数或是偏远的地方，可能是受交通或资金等综合因素制约，厕所改造工作推进较慢。

3.8 欧桥村厕所

3.8.1 欧桥村概况

欧桥村位于湖北省黄冈市红安县永佳河镇，位于红安县的东南部，距离红安县城大约 20 km。欧桥村作为永佳河镇下辖的行政村，其附近有红安天台山、红安烈士陵园等景点。这里山清水秀，地面干净，还有一条小河穿过村落，夏季河塘里面满是盛开的荷花，煞是好看，如图 3.48 所示。

图 3.48 欧桥村村貌

3.8.2 欧桥村厕所概况

1. 欧桥村厕所 1

① 选址与概况

厕所 1 为欧桥村的独立式公厕，是在电视剧《铁血红安》拍摄期间建成的。这个厕所面积较大，周围比较空旷，从外观上看，有着传统和现代相结合的建筑风格，如图 3.49 所示。

图 3.49 厕所 1 的选址及外观

② 厕位

据观察和统计，欧桥村厕所 1 共有 10 个厕位。其中男厕厕位数与女厕厕位数相同，各 5 个，厕位之间均用隔板进行分隔，如图 3.50 所示。

图 3.50　厕所 1 厕位及内部环境

③ 厕所建筑风格和如厕体验

厕所 1 的建筑风格偏向于传统，屋顶采用人字形坡屋顶。厕所内部较现代化，为冲水式厕所。厕所的通风、采光等都处理得比较好，内部没有明显的脏乱现象，同时配备有镜子和洗手池，但由于后期未对公厕环境加以维护，导致厕所洗手池的水龙头已损坏，洗手池滤水处发黄，如图 3.51 所示，影响了如厕体验。

④ 厕所周围的环境

厕所周围较为空旷，门前还修建有砖石风格的围墙，隐蔽性较好，周围由于没有经常打扫，长出了杂草，但是厕所内部苍蝇、蚊虫较少，环境相对干净和整洁。由于是冲水式厕所，其内部气味较小。虽然地处空旷处，但是路边的厕所标识不够显眼，因此使用此公厕的人数较少。总体来说，厕所 1 的内外环境给人较为舒服的感觉。

图 3.51　厕所 1 的洗手池

2. 欧桥村厕所 2

① 选址与概况

厕所 2 位于较偏僻的小树林里面，为独立式旱厕，主要由红瓦白墙和水泥简单堆砌而成，看起来较为简陋。在交通流线上，仅有一条小路通往厕所，且路边没有厕所指示标识，厕所内走道也比较狭小，只能容纳一人正常通过，如图 3.52 所示。

图 3.52　厕所 2 的选址及外观

② 厕位

厕所 2 属于独立式旱厕，男女厕都只有两个厕位，男厕厕位数与女厕厕位数之比为 1∶1。同时，厕所的使用环境很差，如图 3.53 所示。

③ 厕所建筑风格和如厕体验

厕所 2 很简陋，路边没有明显的男女厕所的标识。该旱厕上方铺有红砖，通风采光较好，但是由于没有设置照明灯，在晚上使用极其不便。因为旱厕没有进行粪便处理，在夏季会招来蝇蚊，导致厕所内出现"脏、乱、差"的现象，且伴有刺鼻的气味，极大地影响了如厕体验。此外，此旱厕的厕位之间没有隔开，如厕时私密性较差。

图 3.53　厕所 2 的厕位及周边环境

④ 厕所内外环境

厕所 2 位置偏僻，周围都是树木和杂草。由于厕所周围树木多，因此厕所内苍蝇、蚊虫较多。此外，如厕空间狭小，高度较低，不利于多人如厕。因为是旱厕，且储粪池就在厕所后方，无任何遮挡，导致此厕所周围臭味很大。

3. 欧桥村厕所 3

① 选址与概况

厕所 3 位于当地民居旁边，简单地用土砖加石块堆砌而成。屋顶采用"一"字坡，造型简单。仅有一条狭窄的小路能够通行，厕所周围杂草丛生，如图 3.54 所示。

图 3.54　厕所 3 的选址及外观

② 厕位

厕所 3 属于居民自己建造的独立旱厕，仅有一个厕位，同时没有明显的厕所指引标识，通往厕所的道路也十分狭窄，环境较差。这种厕所由于是私厕，建在居民自己房屋旁边，加上条件过于简陋，外人很少使用。

③ 厕所建筑风格和如厕体验

厕所 3 外观简单，仅仅由普通的土砖、石块堆砌而成，结构十分简单，同时由于厕所修建年代较长，给人一种不安全感。厕所风格没有结合当地的建筑风格，厕所构造也十分不合理。该旱厕的周围树木较多，因此周围的蚊虫也较多，厕所的卫生条件较差。由于厕所的储粪池位置安排不合理，暴露在进入厕所的通道旁，给人一种不舒适的直观体验，如图 3.55 所示。

④ 厕所内外环境

厕所 3 仅有一个厕位，为独立式厕所，其储粪池没有被遮挡，位置也不合理。由于没有很好地进行排污处理，厕所 3 在夏季散发出刺鼻的气味，对周围的环境产生了很大的影响。此厕所建立在民居附近，因此对周围居住人群也有较大影响。厕所内部卫生条件较差，且没有厕所门，导致人如厕时隐私性较差。厕所没有设置照明装置，夜晚使用时十分不便。由于周围树木多、杂草多，会有很多苍蝇、蚊虫，而厕所的储粪池又没有得到很好的排放处理，这样就会招引更多苍蝇、蚊虫，进一步恶化了厕所的内外环境。

图 3.55　厕所 3 的周边

4. 欧桥村厕所 4

① 选址与概况

厕所 4 位于一片竹林后方，位置非常隐蔽，不便于寻找，仅有一条狭窄的小路通往该厕所。厕所由大石块堆砌而成，环境较差，如图 3.56 所示。

图 3.56　厕所 4 的选址

② 厕位

厕所 4 为老式的旱厕，由普通的砖石堆砌而成，只有一个厕位。

③ 厕所建筑风格

厕所 4 由普通的石块堆砌而成，十分简陋，当时只是为了如厕，谈不上什么风格。此旱厕为露天厕所，没有屋顶，雨雪天气时无法供人使用。砖石堆砌的墙高也不合理，不能保证私密性。据调查，现在基本没什么人使用该厕所。

④ 厕所内外环境

该旱厕位置十分隐蔽，由于周围的杂草未经处理，通行非常不便。同时，周围没有明显的厕所标识。厕所内部仅有一个厕位，厕所的储粪池暴露在外，严重影响村落的环境。

3.8.3 欧桥村厕所存在的问题

1. 室外旱厕会引发疾病

欧桥村厕所由于是旱厕，没有冲水设备，它的储粪池如果处理不当，会影响周边的环境。旱厕的排污系统极不合理，导致厕所的周围始终弥漫着刺鼻的气味，大大影响了周边的环境。欧桥村有些旱厕十分简陋，上方没有加盖房顶，而且没有专门的处理粪便的池子，因此在夏季更容易滋生细菌，细菌被传播到空气中引发疾病。

2. 厕所的规划和选址不合理

欧桥村部分旱厕非常简陋，有些旱厕甚至简单到挖一个洞，在洞口上面搭两块砖，这让使用厕所的人非常没有安全感。有的厕所位置十分隐蔽，让人难以寻找，通往厕所的通道有的也非常狭窄，仅供一人通行。可以考虑采用移动厕所，把移动厕所摆放在农村。这一方面可以增加农村的环境美观度，另一方面能够有效地解决农村厕所的环境卫生问题。

3. 厕所修建档次较低

欧桥村简陋的旱厕，不仅给农民生活带来不便，而且严重影响了乡村的文明形象。笔者在调研欧桥村厕所中发现，有些厕所过于简陋，与当地的建筑风格不一致，同时厕所的档次较低，一些基本的公厕应有的设施都不具备，修建的目的仅仅是满足人们的如厕需求，没有从使用厕所的舒适、卫生方面考虑。

4. 厕所内没有照明灯具

欧桥村的旱厕基本上都采用的是自然采光的方式，厕所内部没有任何照明灯具。部分公厕建在周边树木众多、杂草丛生的地方，由于树木的遮挡，自然光无法很好地照射在公厕内。照明灯具的缺乏，也使得晚上不便于人们正常使用公厕。

3.8.4 小结

厕所改造是改善农村环境和卫生条件、促进农民身心健康、建设社会主义新农村的重要内容。改革开放以来，农村居民的衣食住行发生了翻天覆地的变化，但农村厕所脏、乱、差的现象仍然非常严重，农村的厕所简陋也是引起人畜共患疾病的一个重要因素，而卫生厕所的建设是提高农村公共卫生水平和农民健康水平的关键所在。欧桥村有大量卫生状况极差的旱厕存在，严重影响人们的生活与生产，"厕所革命"势在必行。

3.9 潘家湾村厕所

3.9.1 潘家湾村概况

潘家湾村（图 3.57）位于湖北省黄冈市罗田县白庙河镇西北部狗耳尖脚下，形成于明代。潘家湾山大沟深、地势险峻、山清水秀、民风淳朴。放眼四望，这里有原生村落、参天古木、千尺瀑布、连片梯田。潘家湾村三组所在的主簿寨是一个历史悠久的传统村落，土墙黛瓦，阡陌纵横，梯田成片，竹林摇曳。主簿寨上有杨家古祠堂，还保存有完整的 100 余米古城墙，炮台、战壕随处可见。这种建筑由多个自带天井的大宅连在一起，虽然墙头檐角各不相同，但整体很和谐。大宅的门都开在山墙上，门楣都是由大块石条架设而成的，门楣上的刻花祥和喜庆。

令人遗憾的是，潘家湾的古建筑已无完整留存，40 多栋民居均翻建于 20 世纪初期至中期，只有部分墙体和砖石还保留着古村的印记。土砖瓦房是现在中老年人的童年记忆，潘家湾寄托着至少两代人的乡愁，老村的损毁让人们唏嘘感叹。好在 2013 年潘家湾村被列入中国传统村落名单中。如今，修缮工作已经在进行中，这个有着千年历史的老山村仍会把它以往的存在方式延续下去。随着时间的推移，铅华褪尽的潘家湾村会更显出独有的魅力。

图 3.57 潘家湾村

3.9.2 潘家湾村厕所概况

1. 厕所建造背景

通过村主任，笔者了解到潘家湾村村委会很早就根据国家指示开展过厕所改造工作。当时，专业人员因地制宜、科学合理地制定出了潘家湾村改厕实施方案，明确了改厕模式和补助政策，该村筹措到县级及以上财政农村改厕补助资金，用于购买冲水式厕所用具和修建公共厕所。他们以村边、路边、住宅等村屯隙地为重点，大力开展厕所周边环境改造工作。村民大多都支持厕所改建，对于少数不支持该项工作的村民，村委会成员积极做其思想工作，最终使得该项工作顺利进行。后来，随着经济的快速发展，人民群众的生活水平大幅提高，人们逐渐有了追求更高品质的精神文化产品的需求。在这种背景下，潘家湾村利用该村的旅游资源开始大力发展旅游业，大力建设美丽乡村。此举很快便带动了农民收入增加，促进了乡村经济发展。乡村建设中容易被忽视而又体现旅游服务质量的厕所问题，很快便被村主任意识到。村民们也越来越重视厕所的改建问题。为了让游客们有更好的旅游体验，村民们不仅仅注重实用，还在网上自己学习各种创新型厕所建造的案例，自掏腰包修建厕所，这进一步促进了该村厕所的发展。正如笔者在这次调研时所看到的一样，厕所干净整洁，厕所设置为冲水模式，内部设置有小桌板可供人们上厕所时放置纸巾和手机，大大改善了如厕体验。

2. 潘家湾村厕所 1

① 选址

此厕所为新建的独立式公共厕所，属于水厕，如图 3.58 所示。厕所选址在进村路口处，周围很空旷且便于寻找，极大地方便了来往的人如厕。潘家湾村是中国传统村落，经常有游客来参观，这个选址很好地考虑到了游客的需求。

图 3.58 潘家湾村厕所 1 选址

② 厕位

实地考察，潘家湾村厕所 1 共有 10 个厕位。男厕和女厕各有5 个厕位，厕位之间用独立挡板进行分隔，男厕小便厕位 4 个，和现代城市公厕基本一样。厕所均为冲水式，有独立水箱，卫生条件较好。另外，男厕和女厕均有一个厕位是坐式马桶，这考虑到了行动不便的人的需求，如图 3.59 所示。

图 3.59 厕所 1 厕位

③ 厕所风格及功能

厕所 1 属于现代风格，采用砖混结构，屋顶采用"人"字坡形式。为了保证通风采光，厕所屋顶与两侧山墙用短柱进行支撑，中间镂空，既保证了采光，又有利于气味的排出。厕所内外都有洗手池。除此之外，该厕所在功能分区上还设置了一个储藏间，便于厕所管理，如图 3.60 所示。

④ 厕所环境

厕所周围有山有水，树木茂盛，风光怡人。由于是新建的厕所，加上卫生条件较好，厕所内干净整洁，基本无臭味，因此给人一种舒适的如厕体验。厕所周围用竹木桩围起，挡墙用小石块进行装饰，有乡村田园风格。

3. 潘家湾村厕所 2

① 选址

笔者对潘家湾村厕所进行调查时发现还有不少旱厕，并对其中的三个旱厕进行了调研。旱厕一般建在自家房子的外面，非常简陋，是独立式的，且没有男女厕之分，每个厕所只有几平方米。

② 厕位

每个旱厕只有一个厕位，中间有一条小口，洞口周围有的甚至只用木板进行简单搭接，有的用砖石搭接，上面再用水泥砂浆抹平，有的是用砖石和木板进行混合搭接，如图 3.61 所示。

③ 厕所风格及环境

从外观上来看，旱厕基本上属于临时建筑。部分村民由于经济条件差，再加上思想观念相对落后，对厕所的功能要求不是很高。厕所的建筑材料基本上是就地取材，如土坯砖或废旧的木料。厕所内阴暗潮湿，没有化粪池，没有对大小粪便进行处理，因此一走进厕所就觉得臭气熏天。村民每隔一段时间自行清理粪便，将它们用作农作物的肥料。在这样的厕所里，无法有好的体验。

图 3.60 厕所 1 储藏间

图 3.61 潘家湾村厕所 2

3.9.3 小结

潘家湾村是第二批被纳入中国传统村落名单的村落之一，其重要性不言而喻。该村厕所大都外观新颖，风格统一，具有整体性、景观性；厕所外环境形式多样，设置了休息空间；厕所的后期维护工作做得较好；细节设计考虑了人性化要求。但是，潘家湾村存在不少旱厕，由于建造简陋，卫生条件极差，它们影响了当地的村落环境。

3.10 涂湾村厕所

3.10.1 涂湾村概况

涂湾村（图 3.62）位于湖北省黄冈市红安县华家河镇，拥有丰富的物产资料和悠久的历史文化。2014 年 11 月 17 日，涂湾村被列入第三批中国传统村落名单中。

图 3.62 涂湾村

涂湾村附近有黄麻起义和鄂豫皖苏区革命烈士陵园、红安天台山、李先念故居纪念园、红安烈士陵园、七里坪镇长胜街景区等旅游景点，有红安苕、红安大布、红安花生、永河皮子、老君眉茶等特产。

3.10.2　涂湾村厕所概况

农村基础设施是农村得以正常运转的保障，也是农村外在形象的一部分，农村基础设施还关乎农村的发展。厕所作为基础设施的重要组成部分，其建设水平在一定程度上彰显了农村的文明程度。

俗话说"人有三急"，如果关键时候如厕难，"方便"之路不方便就是件头疼的事。我国目前正处于社会的转型期，人们对社会资源和政府提供的公共基础设施的需求越来越强烈，所以农村公共厕所的建设和发展迫在眉睫。

在广大农村，很多厕所建造简陋，卫生条件差，涂湾村的部分厕所也是如此。

1. 厕所主体结构

厕所主体结构一般由地上的厕屋、便器及地下的储粪池三部分构成。调查发现，部分厕所主体结构损坏，常见的损坏情况为厕所门缺失、屋顶石棉瓦碎裂、便器碎裂和储粪池破损。便器和储粪池的损坏将造成粪便暴露、厕所渗漏等情况，直接影响厕所的使用和周围环境。涂湾村还有不少旱厕，厕所无屋顶，卫生条件差。厕所被损坏降低了卫生厕所的舒适度和私密度，年久失修的厕所成为危房，给使用者的人身安全带来隐患。在与村民交谈时发现，尽管村民卫生意识有所增强，但仍有部分村民不认为厕所是重要的基础卫生设施。

2. 选址

厕所1位于进村的道路上，非常简陋，储粪池直接暴露于外，再加上无人管理，臭味很浓，厕所四周没有任何树木遮挡，位置又过于显眼，因此使人对村子的第一印象很不好，如图3.63所示。

图3.63　涂湾村厕所1

厕所 2 位于村内的景区附近（目的是方便外地游客），是一个相对现代化的独立厕所，有专人打扫清理，基本上整洁、无异味，如图 3.64 所示。

厕所 3 位于村内党支部旁，设施简陋，夏天时厕所散发的臭味让人难以忍受，如图 3.65 所示。

图 3.64　涂湾村厕所 2

图 3.65　涂湾村厕所 3

3. 厕所风格和直观感受

涂湾村内的厕所大部分是落后的旱厕，只有在主景点旁才可以见到现代化的水厕，这说明村内在为旅游业的发展而改善厕所环境，但由于受经济条件制约和村民观念的影响，在进村的路上可以明显地闻到空气中散发的恶臭味。一些农户搭建的简易厕所，大多是用土、石、砖砌筑而成，非常简陋，粪池完全暴露。天气稍热时厕所内臭气远飘，苍蝇乱飞，蛆虫乱爬，很不卫生，倘若遇上一场大雨，则粪水溢流，直排入池塘，污染生活环境和水源。有些家庭在房屋外面建造独立式厕所，但大多数不会分别建造一男一女两个厕所，而是男女共用一个厕所。

3.10.3　涂湾村厕所存在的问题

涂湾村厕所目前的总体状况较差，其存在的问题主要体现在以下几个方面。

1. 布局不合理

许多早期建设的农村公厕,在布局方面不科学、不合理。一是在村落主要线路上,公厕布点选址又散又远,既给游客造成麻烦,又不利于管理。二是为防止给村落造成"视觉污染",早期建成的村落公厕大都避开游客集中的区域,而隐蔽在偏僻的角落。游客往往跑遍大半个景区才找到一个公厕。结果是显眼的公厕门口常常出现游客排队如厕的情况,节假日时人更多,而一些僻静处的公厕却常年无人"光顾"。

2. 数量少

修建一个小型冲水式旅游厕所,在 20 世纪 90 年代初期平均造价已达 10 万元左右。据统计,全国重点景区厕所及旅游线路区间上的布点公厕,总数为 3000~4000 个。涂湾村公厕建设并未受到足够的重视,在绝大多数景区和主要旅行线路上,公厕的数量十分有限,给游客们造成了极大的不便。应根据不同区域游客密度和活动类型建造不同规模和厕位数的景区公厕。

3. 卫生状况差

涂湾村的公厕大多年久失修、外观破旧、内部破损、屋顶渗漏、内墙剥落、设施损坏。厕所内蚊蝇滋生,地面污浊,游客无处落脚。这样的现象在旱厕内较常见。少数冲水式公厕也因设计、管理等原因而未达标。这样的公厕完全不能成为景区厕所。

游客在景区中进入公厕,希望厕所的环境能有着与秀丽的风景协调一致的美感。如果厕所卫生状况差,会使游客在游赏过程中产生心理落差,影响游览情绪。

4. 功能单一

目前,大部分村内公厕功能单一,仅是游客的方便之所。游客排泄之后便匆匆离开。公厕不应仅仅满足游客的排泄需要,还应为游客提供专门的休憩空间,供游人在环境怡人的休憩空间驻足休息、等候、照相、吸烟等。这就要求公厕的功能较之于城市厕所更为独特,更具多样性。

5. 厕位比例不科学

涂湾村公厕的厕位与游客数量不相适应。旅游旺季,女厕前门庭若市,男厕前门可罗雀的现象较为普遍。男厕、女厕面积一样,甚至男厕面积更大、厕位更多,导致男厕的实际容量远大于女厕的,需要调整。

6. 标识不规范

涂湾村内公厕的标识存在不规范的问题,成为游客识别公厕的障碍。公厕缺乏引导标识，在许多道路或房屋上都没有设置引导标识，导致游客到处打听厕所的位置。按照规定：男女厕所标识应按国家标准用公共信息图形符号，标识安装位置应醒目。

7. 缺乏管理

涂湾村虽有不少厕所，但缺乏专人管理，尤其是公厕。公厕的建设只是短期的，但管理却是长期的。公厕中厕位门插销及水龙头损坏、马桶漏水等现象屡见不鲜。

8. 缺少文化特色

涂湾村公厕有的提高了建造技术水平，却仍缺乏文化特色。形式雷同是国内景区公厕的通病。对地方历史和文化底蕴的忽视，导致涂湾村的公厕缺少文化特色。这就要求公厕建造不应仅仅停留在供游客方便的层面，还应添加表现地域特征的文化元素，使厕所成为景区的文化符号之一。

涂湾村近年来一直在大力发展旅游业，而厕所是旅游景区必不可少的基础设施，也是旅游服务的关键支撑。国内外旅游发展的实践表明，厕所的数量和运营水平是旅游景区发展硬实力的体现。但涂湾村内旅游厕所存在设施建设不足、布局不合理、轻视管理等诸多问题。厕所成为旅游基础设施和旅游服务的短板。造成涂湾村厕所不如人意的原因是：第一，涂湾村内农村家庭私厕建造率低，公厕又很少，使得有不少农户在房前屋后的草丛中、水沟旁大小便，再加上占大多数的敞口缸、池式家庭厕所和槽式公厕不利于管理，使得粪便被鸡扒猪拱，雨天粪水横流，夏天苍蝇成群；第二，有些领导对改厕工作的意义认识不足，没有把其列入政府的议事日程；第三，省里投入农村厕改的资金不足，而下面各级政府又缺乏必要的配套资金；第四，农民对厕所的传统观念根深蒂固，认为把屎坑建在屋里不美观也不卫生。

3.10.4　对冲水厕所的看法

1. 冲水厕所的高压冲水装置能够在一定程度上方便用户冲洗厕所，保证厕所的卫生效果。厕所内的苍蝇、蚊子数量明显减少。因此，冲水厕所受到大多数村民的认可。据调查，涂湾村将会逐步将水厕安装到各家各户。

2. 冲水厕所容易损坏的器件是便器和高压冲水装置。除了材料自然老化以外，使用方式不当也是器件损坏的重要原因。

3. 冲水厕所的水会在冬天结冰，结冰期一般为 1 个月。建议在村民的冲水厕所旁边再修建一个简易旱厕在冬天配合使用。

4. 在冲水厕所，特别是高压水冲装置维修方面，村中缺少技术人才、专用配件和必要资金。

5. 部分村民对冲水厕所的认识尚有欠缺。

3.11 古村村厕所

笔者对湖北省宜昌市古村村进行了调查研究，了解了该地区厕所的建设、使用和维护等现状，发现了其中存在的问题。本次调查主要以田野调查和人物访谈为主。

田野调查主要是对家庭卫生厕所使用情况进行观察，对厕所类型、位置、配套设施、卫生状况、冲水方式等情况进行记录。进行人物访谈前，针对想要了解的卫生厕所相关的信息设计访谈提纲，提纲内容包括厕所建设、管理、维修及相关环境情况，以及村民对厕所的满意度、粪便、污水的处理方式等。访谈时请村民自由回答以上问题，笔者详细记录，在访谈结束后对记录进行整理。

3.11.1 古村村概况

古村村位于宜昌市夷陵区樟村坪镇北部边缘，全村地处高山小盆地，平均海拔 1100 m，总面积 43 km²。村子里风景秀丽，一进村，就会想起一些诗句，比如"绿树村边合，青山郭外斜。""榆柳荫后檐，桃李罗堂前。""梅子金黄杏子肥，麦花雪白菜花稀。""铺床凉满梧桐月，月在梧桐缺处明。"很早以前，几户人家围住在一起，十分和谐。后来，村里大多数年轻人为了让家人过上更好的生活而外出打工了，村里剩下的大都是老人、小孩。随着时间的推移，村里的老式传统建筑逐渐衰败，又无人修缮。笔者对古村村进行调研，希望能做些造福村民的事。相信古村村的这些传统建筑一定会在未来散发出新的光彩，从而让后人看到它们的苍劲与浑厚。

3.11.2 古村村厕所概况

1. 厕所 1

该厕所属于公厕，位于村委会室内角落处，狭长的走廊尽头是女厕，男女厕有明显的标识提示，男厕厕位数与女厕厕位数的比例是1∶1。进厕所门后转弯处是洗漱池，厕所内干净整洁，男女厕所内各配有一个垃圾桶，厕所内没有窗户，影响厕所内空气的流通，厕所内配有空气清新剂，厕所的排泄物通过管道进入沼气池，通过蒸汽发酵后可被充分利用，如图 3.66 所示。

2. 厕所 2

这个厕所也属于公共厕所，在道路一侧，方便行人如厕。厕所外面有些许杂草，外形简陋，有明显的男女厕所标识。厕所外面还有两个高度不同的洗漱池。男厕厕位数与女厕厕位数的比例是1∶1，厕所内有一个大红桶，占据了大部分厕所位置，影响了如厕的体验。厕所内虽有蚊香，但蚊虫仍然较多，厕所内卫生条件一般，如图 3.67 所示。

图 3.66 古村村厕所 1

图 3.67 古村村厕所 2

3. 厕所 3

该厕所为独立式旱厕，门口仅仅用一个帘子挡住，私密性不好。厕所外形简陋，只有一个坑位，无照明灯具。厕所内水桶里的水用来冲洗厕所，储粪池在厕所的后方，仅用几块木板遮挡。整个厕所内充斥着刺鼻的臭味，蚊虫不少，空气不流通，如图 3.68 所示。

图 3.68　古村村厕所 3

4. 厕所 4

　　该厕所为旱厕，旁边是猪圈，仅一个厕位，不分男女。厕位处是一个陡坡，厕所内臭气熏天，厕所的后方是用几块木板盖住的储粪池，为了防止危险的事情发生，在木板上放置了两个桶，这两个桶还用于转移粪便，如图 3.69 所示。

图 3.69　古村村厕所 4

5. 厕所 5

　　该厕所是旱厕，位于农田附近。厕所由几根木棍搭建而成，没有门，可以从外面看见里面，私密性不好。在很远的地方就能闻见从厕所里散发的腐臭味道。厕所只有一个厕位，里面有排泄物，甚至还有垃圾。厕位旁边隔着木棍就是储粪池，以至于招来了许多蚊虫，储粪池上方放置的杂物用于转移粪便。在下雨天，雨水会流进储粪池把粪便带出，给周围环境带来了很大影响，如图 3.70 所示。

图 3.70　古村村厕所 5

3.11.3　古村村厕所存在的问题

1. 建设质量差

在"厕所革命"推动下,厕所数量越来越多,但质量问题也日益显现。首先,一些地方政府不重视农村公厕改造问题,导致工作进展缓慢。更严重的是有些地方购入的厕具产品质量不合格,不能在寒冷天气时使用,无害化处理方面达不到相关标准。其次,农村厕改工程存在招标不规范问题。施工队伍专业水平不高,未按国家规定的技术要求进行施工,从而出现了一批"豆腐渣"式的厕所改建工程。再次,厕改工作融资渠道较窄,单单依靠国家补贴,工程质量得不到保证。

2. 管理不到位

俗话说"建厕易,管厕难"。农村部分地区出现公共厕所分布散乱、厕具损坏、粪渣无人处理等现象。究其原因,一是领导干部和村民认识不到位,大多数村民仍持有传统如厕观念。村民对公厕没有较高要求,他们认为没有必要把过多财力投入到公厕建设与管理中。二是改厕宣传工作不到位,没有调动村民的改厕积极性。村民缺乏卫生知识,意识不到改厕对预防疾病的重要性。三是缺乏统一的规划标准,相关政策不明确,基层干部责任心不强,没有起到模范带头作用。四是未建立有效的管理机制,相关部门没有明确职责分工,未能真正联合起来推动厕改工作。

3. 文化建设落后

一是农村公厕建造简陋,没有进行装饰美化。二是有些男女公厕未设置醒目而规范的区分标识。三是公厕周围环境和卫生较差,墙壁上乱涂乱画、张贴各类广告现象屡见不鲜。四是经常出现手纸不够、如厕后不冲水、手纸不入纸篓、不关水龙头、厕具损坏等现象。这些现象反映出农村公厕改革在文化建设方面比较滞后。

4. 污染环境

据住房和城乡建设部统计,厕所污水占生活污水的比例不大,但污染程度较大,农村 80% 左右的传染疾病是由厕所粪便污染和不安全饮水引起的。

5. 影响村容村貌

当前，不少有特色的城市正着力打造全域旅游，以生态为主题的乡村旅游将迎来全新的发展机遇。农村旱式厕所、猪栏、牛栏对美丽乡村面貌的影响是显而易见的，已成为发展旅游业的"绊脚石"。

6. 有安全隐患

一是病毒和细菌可能通过粪便、尿液传播。二是长年失修的厕所、猪栏、牛栏，被风吹雨淋后材料腐蚀风化，威胁周边群众的生命安全。

7. 私密性不好

一是私厕通常都是由木板或者石头做成的极其简单的旱厕。在外面就可以看见厕所里面。二是没有按规范在公共卫生间设置前室。前室可遮挡视线和阻隔气味。人也可以在前室进行其他的私密活动，如整理衣服、化妆、补妆等。

3.12 八台村厕所

从 2020 年 6 月下旬到 2020 年 8 月下旬，笔者对湖北省恩施土家族苗族自治州利川市八台村厕所的规划布局、建筑形态及风格、外环境及细节设计都进行了详细的调研。调研时记录厕所类型、厕所位置、厕所配套设施、厕所卫生状况、冲水方式等情况。针对想要了解的卫生厕所相关的信息设计访谈提纲，提纲内容包括卫生厕所建设、管理、维修以及相关环境卫生情况，以及村民对厕所的满意度、粪便、污水的处理方式等，请村民自由回答以上问题。笔者通过拍照、访问村民、测量记录、绘制图纸等方法，获取了较为全面的资料。

3.12.1 八台村概况

八台村位于湖北省恩施土家族苗族自治州利川市柏杨坝镇西南方向，距镇政府 6 km，全村耕地面积 2.48 km²，共有 23 个村民小组，863 户，3676 人，其中党员 50 名。（数据为 2021 年 6 月的）八台村位于利川与大水井景区之间，四下皆是山，空气清新，环境优美，山上森林茂密，泉水清甜，山下梯田如绿毯。

3.12.2 八台村厕所概况

1. 厕所选址

村中未发现公共厕所，只有私厕，这可能与当地经济较落后有一定关系。

私厕的建设分三种情况：一是在住宅旁修筑一间矮小的房屋作为厕所；二是在圈养家畜的房屋中预留一处坑洞作为厕所；三是用几块石板拼在一起，留出大一些的缝隙。以上三种厕所皆为旱厕。

2. 厕所的建筑形态和风格

（1）厕所1

如图3.71所示，该厕所为八台村一位居民家中的厕所，只有一个蹲位。据笔者调查，该厕所是在不久之前才从旱厕被改为水厕，但是抽水机没有足够水压，因此还是需要提水冲厕。厕所内配有一个垃圾桶，厕所内没有窗户，影响厕所内空气的流通。此外，厕所位于一楼储物间，如厕私密性无法保证。

图3.71　八台村厕所1

（2）厕所2

如图3.72所示，该厕所为八台村一位居民家中的厕所，是用几块石板拼成的，为旱厕。厕所缝隙极为狭窄，居民排泄极为不便，而且需要定期清理。通风性尚可，但是通风口没有遮挡，私密性极差。该厕所旁边就是圈养猪的地方，蹲坑后面堆放木柴，没有照明灯具，夜晚如厕极为不便。此外，该厕所里没有放置卫生纸的地方，十分不便。

图3.72　八台村厕所2

（3）厕所 3

如图 3.73 所示，该厕所为八台村一位居民家中的厕所，为旱厕。厕所由几块石板拼成，缝隙处就是蹲位，蹲位太过窄小，如厕时非常不方便。厕所内没有照明灯具，门由几块木板简单组成，可以从外面看见里面，私密性不好，该厕所没有窗户，通风不好。储粪池在厕所的后方，没有进行遮挡，储粪池旁配有几个木桶，用于运送排泄物。

图 3.73 八台村厕所 3

（4）厕所 4

如图 3.74 所示，该厕所为八台村一位居民家中的厕所，位于室内，由石砖堆砌而成，厕所在入口处。厕所的长和宽都为 1 m 左右，成年人进入厕所后会显得十分拥挤。厕所内没有照明灯具，也没有窗户进行通风，造成臭味弥漫，影响居住。厕所旁边是圈养猪的地方，把厕所和猪圈放在一楼是为了便于集中处理粪便。

图 3.74 八台村厕所 4

（5）厕所 5

如图 3.75 所示，该厕所为八台村一位居民家中的厕所，是旱厕。该厕所被设在房屋的外面，由石砖、石棉瓦和铁皮构成，只有一个蹲位，厕所蹲位过大，所以用一个木板搭在上面以防止居民在如厕时掉入。厕所的后方有一个小窗户，便于空气流通，厕所没有门，没有照明灯具，所以在夜晚时如厕极其不方便。厕所的储粪池位于房屋后方，用几块木板搭在上面。

（6）厕所 6

如图 3.76 所示，该厕所为八台村一位居民家中的厕所，是旱厕。该居民家中有两处厕所，第一处厕所位于房屋侧面比较偏僻的地方，和猪圈建在一起，方便集中处理粪便。厕所内有一个椅子和水桶，椅子位于厕位的上方，方便老人如厕。厕所内水桶里的水用于冲洗厕所，厕所内没有通风口和照明灯具。第二处厕所位于屋内，厕所内没有照明灯具。厕所下面就是粪坑，没有窗户进行通风，影响厕所内空气的流通，造成臭味弥漫，影响居住。

图 3.75　八台村厕所 5

图 3.76　八台村厕所 6

3.13　一把村厕所

3.13.1　一把村概况

一把村位于湖北省恩施土家族苗族自治州利川市南坪乡，因村内的一棵百年大松树像一把伞而得名。一把村东临柏杨镇龙凤村，西接五谷村，南靠利奉省道，北连大罗村，临近 318 国道，距南坪乡集镇 8 km。那里土地肥沃，气候宜人，四通八达，交通便利。全村总面积 1.9 km²，平均海拔 1092 m，下辖 6 个村民小组，共有 246 户 1038 人，其中低保户 26 户 63 人，分散供养特困户 6 户 6 人。全村劳动力 510 人，外出务工 322 人。共有党员 23 名，其中女性 6 名，35 岁以下的 5 名，该村为集体经济薄弱村。（以上数据为 2020 年的）

3.13.2　一把村厕所概况

1. 厕所选址

一把村没有公共厕所，只有私厕。私厕的选址分两种情况：一种是在圈养家畜的房屋中预留一处坑洞作为厕所；另一种是在存放木材或者农作物用具的房间里，用几块石板拼在一起作为厕所。以上两种厕所皆为旱厕。

2. 一把村厕所的建筑形态和风格

（1）厕所 1

如图 3.77 所示，该厕所为一把村一位居民家中的厕所，是旱厕。该厕所位于室内，由石砖堆砌而成。厕所上方用木板隔出单独层面，用于堆放杂物，以至于厕所看上去十分矮小，里面门的高度还不到 1.7 m，个高的人如厕时需要弯腰驼背。从门口进入之后，空间稍大，入门便可以看见一个蹲位，蹲坑狭小，如厕极为不便。蹲位的左右两边各放置了一块木板。蹲位旁边是由石砖堆砌到 1.3 m 左右的一个猪圈围栏。厕所的左侧有一个小窗口，用于空气流通，但是由于通风口过于狭小，而且通风口外面就是粪坑，所以通风效果并不好，臭味极其明显。

（2）厕所 2

如图 3.78 所示，该厕所位于一楼偏僻角落。穿过厨房后打开一扇门就可进入厕所和猪圈所在的房间。厕所为边长 1 m 左右的正方形，只有一个厕位。如厕时需要先将搭在厕所上方的木板拿掉，如厕之后再将木板搭在上面。猪圈及厕所的排泄物会流进储粪池，储粪池在屋外靠墙的地方，二楼卫生间的污水会从白色管道流进储粪池，储粪池上方搭有几块木板。

图 3.77　一把村厕所 1

图 3.78　一把村厕所 2

3.14 杉树村厕所

3.14.1 杉树村概况

　　杉树村地处湖北省恩施州土家族苗族自治州鹤峰县邬阳乡东南部，周围与三园村等 7 个行政村接壤，与本县燕子镇咸盈村隔河相望。村庄距县城 80 km，辖区内河壑纵横，山高路险，最低点海拔 400 m，最高点海拔 1700 m。现有一条通村公路，由于沿途滑坡多，道路等级低，维护得差，公路处于通路不通车的状况。此外，公路受益面窄，全村还有 7 个村民小组远离公路，大多农户仍然过着肩挑背扛的日子。杉树村是鹤峰县邬阳乡发展较为缓慢的村，如图 3.79 所示。

图 3.79　杉树村

3.14.2 杉树村厕所概况

　　1. 杉树村公厕概况

　　（1）选址

　　杉树村只有一个公共厕所，位于村委会附近，厕所选址在空旷的地方，如图 3.80 所示。

　　杉树村的公共厕所离主干道较远，地势平缓，厕所前和厕所内没有休息空间。厕所外部被田园包裹遮挡。公共厕所外面，春夏季节庄稼生长茂盛，秋冬季节庄稼被收割后植被缺乏，总体来说，大部分时候不能较好地遮挡道路上行人的视线，厕所隐蔽性差，不能保护好使用者的隐私。此外，厕所离主干道较远，又没有标识进行指导，路人不容易寻找到。

图 3.80 杉树村公厕选址

（2）厕位

杉树村公共厕所共有 8 个厕位，其中男厕厕位 4 个，女厕厕位 4 个。男厕厕位数与女厕厕位数的比例为 1∶1。

2. 杉树村私厕概况

杉树村经济不是很发达，地广人稀，交通十分不便，基本没有什么外来游客，村民们过着自给自足的农耕生活。除了在村委会人流量大的地方设了一个公共厕所，其余的都是私人厕所。

（1）厕所 1

厕所 1 是少有的一个外设厕所。厕所用空心砖搭建而成，与猪圈建在一起，空间很小，但周围比较空旷，遮掩性弱，厕所内异味非常大，如图 3.81 所示。

厕所 1 为旱厕，粪便被集中堆积在农户自家挖的一个粪坑之中，蚊虫比较多，没有窗户，但通风口多，通风条件较好，冬季如厕时容易感冒，如图 3.82 所示。

图 3.81 杉树村厕所 1 （一）

（2）厕所 2

此厕所为室内厕所，由砖瓦建成，只有一个厕位，墙体内设有通风口，但通风口非常狭小，因而通风和采光的效果不是很好。整个厕所空间狭小，厕所类型为旱厕，粪便被集中堆放，没有厕门，私密性差，如图 3.83 所示。

图 3.82　杉树村厕所 1（二）

图 3.83　杉树村厕所 2

（3）厕所 3

厕所 3 与厕所 1 和厕所 2 大同小异，紧邻猪圈，杂物多，卫生条件差，蚊虫多，异味大，粪便也是被集中处理后用作农家肥。厕位少，且与周围设施的空间比例不协调，如图 3.84 所示。

图 3.84　杉树村厕所 3

3.14.3 小结

杉树村入选中国传统村落名录，该村落中有大量古建筑，其重要性不言而喻。杉树村地广人稀，人员流动小，厕所多为私厕。受传统观念的影响，人们对厕所不是很重视，仅有的一个公共厕所设计时没有考虑当地的文化元素，细节设计时也没有充分考虑到人的需求，缺乏无障碍设计，没有厕所导向标识。

3.15 山羊头村厕所

3.15.1 山羊头村概况

山羊头村位于湖北省恩施土家族苗族自治州建始县龙坪乡。居民住宅多依山面水，坐东朝西，或坐西朝东、坐北朝南，忌坐南朝北。大约在 1912 年以前，城镇或乡村的豪绅大户的住宅一般是石基高墙，正房一般为两层木质楼房，内有条石天井（少数豪宅有几个甚至十几个天井）、木质厢房、花园。普通人家的住宅一般为以下几种：①有三间以上正屋、两头为吊脚楼厢房的"撮箕口"型房屋。②有三间以上正屋、一头为吊脚楼厢房的"钥匙头"型房屋。③并列三五间的单头屋。有的赤贫农户以岩洞栖身。从建筑材料上看，有纯木结构房屋、石木结构房屋、砖木结构房屋、土木结构房屋。吊脚楼一般是厢房，地势比正房的低 3 m 左右，吊脚楼下为猪栏、牛栏或杂物间，楼上是居室。厢房一般为干栏式木质建筑物，有一侧或两侧相互连通的阳台或外置木质走廊，装有雕花栏杆。有三间以上正房的房屋，一般中间是堂屋，作为祭祀祖先和迎接宾客的地方，两边分别为灶屋（厨房）和火坑屋。火坑屋也叫火铺堂，是取暖、煮茶的地方，其中三分之二的面积上铺有木地板，三分之一的面积为地面，铺地板的地面比土地面高 20～30 cm。木地板靠近土地面的一侧设有约 1.5 m 见方的火坑，火坑上方悬挂一个木架、一个铁质或木质的可调节高矮的带钩子的三脚架（俗称"梭钩"），用于烧水或煮饭，木架上可放腊肉、玉米等。山区多雨，湿度较大，吊脚楼既可防潮，又可防止毒蛇危害，而且不需占用平地。

山羊头村依山就势，邻水而建，是个具有传统风情的山村。放眼看去，青山环绕，绿水相邻。村落的环境没有被污染，空气清新，天空澄澈，置身其中，令人心旷神怡。

3.15.2 山羊头村厕所概况

1. 选址

山羊头村仅有一个公共厕所，为独立式旱厕，紧邻进村的主干道，如图 3.85 所示。

图 3.85   山羊头村厕所选址

2. 厕位

山羊头村公共厕所一共只有两个厕位，其中男厕厕位 1 个，女厕厕位 1 个，男厕厕位数与女厕厕位数的比例为 1∶1；厕所室内造型一致，如图 3.86 所示。

3. 厕所建筑形态和风格

山羊头村厕所依路而建，结合村落地形，运用筑台式，具有山地特色。因村落经济条件不好，厕所有些破败，此外，厕所孔洞较多，起到了通风采光的作用，如图 3.87 所示。

4. 厕所环境

厕所依山而建，邻近农田，外环境以自然环境为主，厕前有休息空间，但是排泄物没有被规范处理，导致厕所里面臭味经久不散，厕所外面臭味也较大，给人很不好的体验。

图 3.86   山羊头村厕所厕位

图 3.87   山羊头村厕所建筑形态

4 全国山地型地区厕所设计优秀案例分析

4.1 篁岭村厕所

4.1.1 篁岭村概况

坐落在江西省上饶市婺源县的篁岭村属典型的山居村落，民居是经典的徽派建筑，围绕水口呈扇形梯状错落排布，如图 4.1 所示。全村仅有 300 多名村民，占地面积仅 15 km²，是一个距今有 500 多年历史的古村。篁岭村每年能接待国内外游客 110 万人，其"晒秋"景观较为独特。

其实"晒秋"是一种流传在南方丘陵地区的传统农俗。特殊的地形与气候，造就了篁岭立体式、全年式的"晒秋景观"，所以也有人把篁岭称为"晒秋文化"的发源地。

过去，由于交通不便，篁岭一直是一个偏僻落后、与世隔绝的小山村。或许正因为如此，古老精致的徽派建筑与传承数百年的"晒秋习俗"才得以在篁岭保存。

2009 年，当地投资 3.5 亿元对篁岭村进行开发。从此，拥有 500 多年历史的古老村落变为了国家 AAAA 级旅游景区。仅仅用了几年的时间，篁岭村就成为婺源，乃至江西的一张旅游名片。

图 4.1 篁岭村

4.1.2 篁岭村厕所概况

1. 厕所选址

旅游厕所应数量充足，分布合理，因地制宜，在中心区域应尽量满足高峰期的需求，男女厕厕位比例应符合规定。在篁岭村景区内各主要景点周边选点，建公厕五座。如建在天街众屋广场的公厕、建在景区三号观景台茶楼地下一层的公厕。

篁岭修建旅游厕所时综合考虑了服务距离、瞬时人流量承受负荷、所处环境等诸多因素，在符合旅游厕所的现行国家相关标准规定前提下，尤其强调了对所处环境的文物古迹、自然环境的尊重和保护。在篁岭景区的主入口、主要景观节点处均修建了厕所，并根据各景观节点的游客数量及参观路线，对各旅游厕所的面积做了优化调整。在游客集中的景点，厕所服务区域控制在 500 m 范围内。

2. 厕所平面布置

从人文关怀出发，篁岭景区厕所内的设施极其现代化，从吊顶到盥洗池，从坐便器到烘干机等都十分讲究。厕所内外标识完善，便于识别。有的厕所借鉴徽派民居特有的天井结构，将男厕与女厕的公共区域改造成了敞亮的游客休息室，放置了木质沙发、电视等，供游客休憩时使用。有的厕所则使用三级化粪池进行排污，将废水直接作为肥料供给周边农田。景区厕所按照星级厕所标准进行建设，设施一应俱全，如母婴室、残疾人和老年人厕位、暖风机、衣帽钩等。

母婴室内安装了婴儿护理台、婴儿座椅、婴儿坐便器，解决了带小孩游客上厕所难的问题。吸烟区为吸烟的男士提供了吸烟的场所，同时有效解决了其他人员被迫吸二手烟的问题。为解决女厕所门口长期排队的问题，一些重要景点的旅游厕所的男女厕厕位比均满足 2∶3，有的女厕蹲位数量甚至更多。随着 2016 年新的旅游厕所质量标准的出台，景区内的部分厕所根据室内面积情况新设置了第三方厕所（也称无性别厕所），彰显出了与时俱进的人文关怀理念。

旅游厕所大多建设在较为隐蔽的位置，以使建筑与环境相协调，加之篁岭景区内绿化率很高，因此，景区厕所的采光无法完全依靠太阳光。大部分景区厕所采用自然光与人工光源结合的照明方式。设置高窗可以适当引入自然光照，同时也能保证厕所的私密性。建在半坡上的厕所采用了玻璃天窗屋顶，大面积引入自然光，该厕所是篁岭旅游厕所中最为绿色、环保和节能的厕所。映入天窗的大面积的树林，如一幅天然画卷，丰富了室内空间。篁岭厕所内景如图 4.2 所示。

图 4.2 篁岭厕所内景

3. 厕所建筑形态

徽派建筑淡雅、稳重，给人一种历史的厚重感，受到人们的称赞。

徽派古建筑以砖、木、石为原料，以木构架为主。梁架多用大块材料，且注重装饰。其横梁中部略微拱起，故民间称其为"冬瓜梁"，两端雕出扁圆形（明代）或圆形（清代）花纹，中段常雕有多种图案，通体显得恢宏、华丽、壮美。

立柱用料也颇粗大，上部稍细。明代立柱通常为梭形。梁托、爪柱、叉手、霸拳、雀替（明代为丁头拱）、斜撑等大多雕刻花纹、线脚。梁架构件的巧妙组合和装修使工艺技术与艺术手法相交融，达到了珠联璧合的妙境。梁架一般不施彩漆而施以桐油，显得格外古朴典雅。墙角、天井、栏杆、照壁、漏窗等用青石、红砂石或花岗岩裁割成石条、石板筑就，且往往利用石料本身的自然纹理组合成图纹。墙体大多使用小青砖砌至马头墙。

婺源古村可以称为中国古建筑的大观园，而篁岭就是其中的代表作。这里就好似一幅活生生的"清明上河图"，在 500 m 长的"天街"周围，大大小小的徽式店铺林立。篁岭的建筑都很好地保留了徽式古村落的格局，如图 4.3 所示。

图 4.3 篁岭村建筑

厕所早已是景区的一块"招牌"。木楼、茅房的结构，让厕所也具有了古村落的韵味，如图4.4所示。建在天街众屋广场的公厕，将废弃的木桩制成门板，把建筑废物变废为宝、循环利用。公厕内还配备了融入农耕元素的晒盘、水磨、扁担、枯草和仿真花等装饰物。厕所风格独特，结构严谨，集徽州山川风景之灵气，融中国风俗文化之精华，不论是村镇规划构思，还是平面及空间处理、建筑雕刻艺术的综合运用都体现出了鲜明的地方特色。篁岭景区厕所多集中在古村天街、游客中心等人流量较大的地方与重要节点。在景区范围内，游客五分钟内便可行至厕所。

图 4.4　篁岭厕所外观

4. 厕所建筑材料

公厕里不仅干净整洁，而且古香古色。作为徽州文化的发源地之一，婺源篁岭保留了许多徽派建筑的文化特色。就连在公厕里，也能找到"徽雕四绝"之一的精美木雕，如图4.5所示。

不仅如此，公厕里还藏着许多"独具匠心"的设计，不仅环保而且美观。比如，公厕的木门是用废弃的木材拼接而成的，如图4.6所示。小便池之间的隔板用刨花填充，通透的玻璃外面是石磨和各种鲜花。

图 4.5 厕所室内装饰（一）

图 4.6 厕所室内装饰（二）

5. 厕所建筑色彩

走进篁岭景区，民居、街道、门头、石板、导示牌、垃圾桶等每个细节都蕴藏着古色，蕴藏着文化。位于农业观光园中的厕所，采用木楼、茅房的结构，就地取材、自然环保，厕所也具有景区独有的村落韵味，毫无违和感。

这里的每个细节都透着古色，都能从中读出文化来，这种文化是篁岭独有的。独具特色的古村，古香古色的私密空间，在篁岭体现得淋漓尽致。

篁岭厕所的颜色以白色和青色为主，色调虽平淡，但是耐人寻味，置身其中仿佛置身于一幅水墨画中，对历史的敬畏之情油然而生。

6. 厕所管理

厕所"三分建七分管"。"游客一次糟糕的如厕经历，会让旅游体验大打折扣，甚至对景区一票否决。"目前，篁岭各景区建成的厕所大多都聘请了专人管理。明月山管委会党工委副书记喻川介绍，景区聘请"星级保姆"，专门负责厕所的保洁工作，他们每天必须等到最后一名游客离开后才能离岗，这一举措受到了游客的称赞。除了保洁人员，还有检查人员每天进行检查，及时维修损坏的马桶、漏水的水管，确保设施设备正常运行。

7. 厕所文化

景区主要有五处公厕，其中最具代表性的两处便是天街众屋广场下面的公厕和下站坊的公厕。前者建在街道下方，游客如厕需向下走一层。靠近街道下方砖石一侧，用玻璃遮住，里面放入有农耕特色的晒盘、水磨、扁担，以及枯树和仿真花等。男厕小便池的隔板也是用玻璃做的，但填充物却是刨花，同时用废弃木桩制成门板，将建筑废物循环利用、变废为宝。用稻草装饰房顶，将厕所内的农耕元素推向了极致。后者采用当地元素，男厕小便池上方不是呆板的文明标语，而是婺源婚俗的装饰画，从说媒到洞房，将整个婺源民间婚俗完整演绎了一遍。盥洗台则采用徽式建筑风格，将冬瓜梁作为台架以稳定结构。盥洗台旁，则摆上农耕文明的标志——水磨。有男厕和女厕之间的公共区域，则放置了木质沙发，供等候的游客休憩，十分贴心。篁岭景区内的所有公厕处处体现了经营者的用心，体现了对人的尊重，体现了对农耕文化、生态文明的理解和尊重。

4.1.3　小结

篁岭景区对大多数旅游厕所进行改扩建或新建后，将景区的旅游厕所打造成了一道亮丽的风景线。篁岭的旅游厕所顺利通过了 5A 级景区规定的服务质量标准验收，为篁岭顺利升级成为 5A 景区打下了良好的基础。

4.2　毛铺村厕所

4.2.1　毛铺村概况

河南省信阳市新县周河乡毛铺村（图 4.7）古民居群始建于明末清初，距今已有约 400 年历史，涵盖毛铺村楼上、楼下村民组。该村古民居位于周河乡东北部，距周河乡政府 4.5 km，距南信叶路熊河路口 5 km。毛铺村古民居呈现四大特点：

一是有规模。古民居群保存比较完整，布局排列规整。整个村落背（北）靠打鼓寨，面（南）对毛铺河，由东向西一字排列，东西长 370 m，南北宽 60 m，前后有三层院四进房屋，共计大小房屋 300 余间。整座古民居为青砖灰瓦，龙门架结构，其规模在豫南地区堪称最大。

二是有特色。随着时间的推移，古民居虽容颜老去，但依然难掩当年的绝代风华。古民居大门楼建筑高大气派又各具特色。每层房子左右分开，一户一院，分为堂屋、客房、厢房、耳房、阁（绣）楼等。每户均留有侧门，可左右贯通。大门楼和檐廊均用条石铺成，每户房屋建筑初看虽大致相同，但门窗、楼梯式样各具特色，简朴大方中凸显精雕细琢，檐墙均为多层砖雕封檐，檐廊石墩雕刻精细，每院式样各异。毛铺村古民居的建筑风格和建筑结构都体现了明清时期豫南古民居较典型的地方特色，它是豫南地区此类建筑的典型代表。

三是有文化。古民居的民俗文化融合了豫风楚韵特色，花鼓戏、皮影戏等广为人知，农耕、饮食、茶文化别具特色。古民居建筑物上保留的石刻、砖雕和木雕都具有较高的艺术品位，有较高的保护价值和研究价值。

四是有故事。明代中晚期，一支彭姓族人从江西迁到今天毛铺村所在地建村，经过繁衍生息，逐渐形成了村落。清末彭松臣（1872—1930），名自维，号蒿生，系新县周河乡毛铺村人，地主出身，清末秀才，后捐为贡生，光绪三十二年补得度支部员外郎一职，就任灵宝县（今改为灵宝市）盐务局局长，后来，彭松臣占山为王，修筑了打鼓寨，自制枪炮弹药，成为附近有名的寨主、乡绅。其子彭伯鋆曾在法国工作并颇受器重，后因身体患病归国，归国后被当时的国民政府拟任河南省省长，于赴任前病逝。2017年，河南新县响应"厕所革命"。新县毛铺古村落厕所设计脱颖而出。

图 4.7 河南新县毛铺村

4.2.2 毛铺村厕所概况

1. 厕所选址

本次研究的对象为毛铺村村口的厕所，如图4.8所示。毛铺村整个建筑群的结构为一条古道从村口穿过，贯穿整个毛铺村，村内建筑分布在古道两旁。这条古道为汉潢古道，两旁为以前供人们休息的驿馆和商人集会的地方，现今驿馆等地依旧保留完好并成了游客游玩观赏的景点之一。游人在经过长时间的车程后有如厕的需求，所以从便利性方面来说，在村口修建厕所非常必要。从自然环境方面来说，毛铺村背山邻水，村口位于顺风坡，空气比较流通，此外，村口光照好。

从服务半径来看，在村口修建厕所，可避免在村内厕所门前出现大排长队的现象。从美观性来讲，村口厕所周围有当地的毛竹等绿植将其隐藏。

图4.8 毛铺村村口的厕所外观

2. 厕所平面布局

毛铺村村口厕所的平面布置示意图如图4.9所示。

3. 厕所建筑形态

毛铺村村口的厕所（图4.10、图4.11），从上往下看，屋顶为平顶，为切角状态；从整体看，该厕所是筑台式的，一个方形中间下沉了一个十字作为交通主干道通向不同的区域；从设计角度来说，在入口处设计木结构廊道，廊道顶部为玻璃，在廊道的两旁下沉两个长条形的花坛，厕所屋顶为单面斜坡形，下雨时，雨水将会汇集到花坛中。走过廊道，是一个类似天井的设计。厕所全部采用高窗设计，同时，石墙上部为当地特有的毛竹做成的竹墙。从功能性方面来说，竹墙有利于通风。

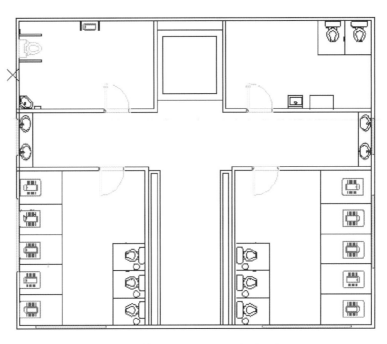

图 4.9　毛铺村村口厕所平面布置示意图

图 4.10　毛铺厕所建筑外观（一）

图 4.11　毛铺厕所建筑外观（二）

4. 厕所建筑材料

（1）选择木材、青砖、石材等当地经常使用的建筑材料；

（2）在石墙和隔墙上镶嵌当地经常使用的长条形木高窗，增加了空间流动性，充分体现了地域建筑文化；

（3）主要墙体保留原有的青砖或泥土材质，加以清洁、整饬，留住其乡土记忆，提高其舒适性，如图4.12所示。

图4.12 毛铺厕所建筑材料

5. 厕所建筑色彩

厕所墙面选择了当地民居的乡土颜色。这说明设计师非常专业，善于观察当地建筑的设计特点，能够运用"面向设计本身"的设计思维方式。在选择建筑材料时使用了天然石材、木材等，这些材料自然、质朴，色彩很有毛铺风情。从室外来看，外墙主要以青石为主，用木条作为局部点缀，屋顶用黑瓦进行铺设，整个色调以青、灰、黑、黄为主，室内主要以灰、青、红、黑为主，显得很明亮（图4.13）。

图4.13 毛铺厕所室内

6. 厕所管理

毛铺村厕所良好的如厕环境，既来源于设计师的创意，又离不开管理人员的后期维护。管理人员除了注重厕所的卫生以外，还从服务态度、环境美化、管理效用等角度进行了考虑。

7. 厕所文化

毛铺村借厕所之地，渲染文明气息，通过厕所文化传达城市品位。新县的"厕所革命"不仅加强了对硬件升级改造，更注重对软件的细心维护。正所谓内外兼修，既要"面子"，又要"里子"。

4.3 木兰山风景区厕所

4.3.1 木兰山风景区概况

荆楚名岳木兰山因木兰将军而得名，海拔 582.1 m，远远望去，木兰山就像一头雄狮伏卧在美丽的滠水河畔。古朴雄奇的梵宫殿宇，嶙峋异状的地质奇观，姹紫嫣红的奇花异草，萦绕如带的清溪碧流，苍茫浩渺的云涛雾海，翠染千峰的造化之工，构成了"黄陂八景"中最负盛名的独特景观——"木兰耸翠"，被明代诗人屠达誉为"西陵最胜，盖三楚之奇观"，如图 4.14 所示。

图 4.14　木兰山风景区入口处

木兰山风景区是国家 5A 级旅游景区，国家级地质公园，省级风景名胜区，华中地区宗教圣地，森林覆盖率 95%，被誉为"武汉后花园"。该景区东邻木兰乡，西邻长轩岭街，南邻王家河街，无厂矿，无企业，无养殖业，无大型工地，老百姓以旅游服务（餐饮和农家乐）、水稻林茶种植为生。

木兰山还是一座有着 1500 年历史的宗教名山，自前向后有南天门、二天门、回光殿、木兰将军坟、木兰殿、斗姥宫（图

4.15)、朝天门、报恩殿、帝王宫、三清殿、娘娘殿、玉皇阁、金顶等景点，每年吸引鄂、豫、皖、湘、赣等地近百万游人朝山进香。其宗教活动始于隋唐，盛于明清，佛道两教共处一山。

图 4.15 斗姥宫

每年的 2 月和 8 月是木兰山风景区的旅游旺季。2021 年仅元旦假期 3 天，武汉市黄陂区接待游客就达到 14.48 万人次，实现旅游综合收入 4544.7 万元。2020 年客流量也有 10 万人次以上。农历八月初一，木兰山金秋庙会也成为客流量暴增的一个时间点。此外，许多周边的中小学校在选择春游、秋游的地点时都会选择木兰山风景区。孩子们爬山，欣赏自然风光，赏玩形态各异的石头，呼吸着新鲜的空气，好不惬意。

4.3.2 木兰山风景区厕所概况

1. 厕所选址

木兰山风景区由主游线和支游线构成，如图 4.16 所示。在主要旅游景区、线路、游客集散中心等人流量较为密集的地方，都建有旅游厕所，并且在游客服务中心的景区地图上标明了所有的旅游厕所。木兰山风景区的厕所大多分布在主游线路上，而且多分布在主游线和支游线的交叉点，在偏远的支游线上也有分布，在人文景观多的地方分布更多。这充分考虑了人们的如厕需要。

木兰山风景区隶属于武汉市黄陂区，从黄陂区星级旅游厕所分布图（图 4.17）中看出，其厕所的布置既不妨碍风景，同时又易于寻觅。景区中主要道路距旅游厕所之间的距离多为 250～400 m，人口流动量比较大的地方与厕所间距小于 250 m，人口流动量较小的地方与厕所之间的距离为 600～800 m。木兰山风景区的厕所选址很好地利用了木兰山地理环境，同时综合考虑了服务距离、人流量等诸多因素。

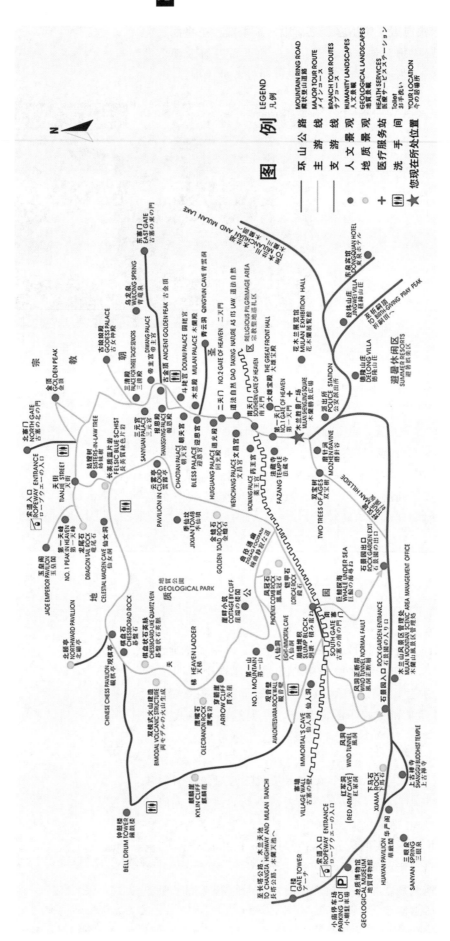

图4.16 木兰山风景区导游图

由于景区面积比较大，游人较多，厕所布局采用散点式，但可以看得出散而不乱，散而有序，散而成型。从图4.17中可以看出，整个厕所体系网络较为完善，规划科学。

图 4.17　黄陂区星级旅游厕所分布图

2. 厕所平面布置

大部分旅游厕所在平面布局上采用的是一字型布局，男厕、女厕左右相对，中间为配套用房、第三卫生间，这是旅游厕所中最常见的布局形式。

木兰山风景区厕所为冲水式公厕，男厕与女厕室内面积相等，呈镜像分布。男女厕所均配有4个洗手池和一个干手器。女厕包含了13个厕位隔间，每个蹲坑位均设有挂衣钩。男厕设有7个厕位隔间和6个小便池以及一个儿童小便池，如图4.18所示。木兰山风景区厕所，除了设有基本的男厕、女厕外，内部无障碍通道达4.5 m²左右，还设有第三卫生间和工具间、管理间。男女蹲位的厕位数量的比例大致为1∶2，从厕位数量来看，女厕的厕位数量明显大于男厕，充分考虑了女性和男性如厕的需求。科学和人性化的布置使得厕所的利用率更大，因此在风景区厕所门前很少出现女性排队如厕的现象。

（a）　　　　　　　　　　　　　　　　　（b）

图 4.18　厕所内部图

（a）男厕；（b）女厕

　　为了解决一部分特殊人群如厕不便的问题，木兰山风景区内的大部分厕所都设有第三卫生间。其内部设施包括成人坐便位、儿童坐便位、儿童小便池、成人洗手盆、儿童洗手盆、儿童安全座椅、安全抓杆、挂衣钩等，使用面积一般大于 6.5 m^2。第三卫生间内专设母婴卫生间，配套有婴儿换尿布专用位以及儿童安全座椅，解决了婴儿换尿布难、妈妈上厕所时婴儿无人看管的问题。

　　3. 厕所建筑特色

　　被确定为"旅游厕所革命"全国标杆的黄陂，奉献给游客的除了美丽的山水，还有温馨的厕所（图 4.19）。很多游客被那些功能齐全、风格各异的厕所吸引，纷纷在厕所前拍照留念。

（a）　　　　　　　　　　　　　　　　　（b）

（c）　　　　　　　　　　　　　　　　　（d）

图 4.19　部分厕所外观

（a）厕所 1；（b）厕所 2；（c）厕所 3；（d）厕所 4

木兰山风景区山上的厕所均为景区自主建造，山下的是由国家旅游局拨款建造的。在山脚修建了专门的污水处理化粪池，景区内的污水处理点就有 10 多个。

五彩缤纷、暗香浮动的木兰玫瑰园（图 4.20）是武汉市最大的玫瑰基地，浪漫的玫瑰花海吸引了众多游客在此休憩游玩。该景区游客中心旅游厕所位于木兰玫瑰园大门旁，红色的西洋风格建筑与唯美浪漫的木兰玫瑰园融为一体。木质结构的生态环保公厕、宽敞明亮的休息厅、热冷水、纸巾、烘干机等让游客感受到了温馨和贴心。

图 4.20　木兰玫瑰园

木兰山风景区厕所主要有独立式和附属式两类，而建筑结构主要为钢筋混凝土结构、砖木结构和简易结构三种。从厕所外观来看，设计师对建筑风貌运用了融合法和美化法的设计理念。所谓融合法，是指采用与周围建筑或景观相似的风格进行设计，通过搭配景观植物，使厕所与周围环境协调、融合，具有当地民居的特色。所谓美化法，是指运用科技、文化，采用非传统设计理念，结合一定的建筑风格元素进行再设计，强调厕所的存在和增加景观价值。

4. 厕所建筑材料

修建木兰山风景区厕所的材料都是市面上可以买到的现代建筑材料，根据厕所的特性，材料考虑到安全性、适用性和经济性。蹲坐便器选用耐用又坚固的材料，且卫生、节水；小便器一般采用瓷制半挂式，小便器隔板用防潮、防腐、坚固且易清洁的材料，宽度一般不小于 0.5 m，高度一般不小于 1 m；洗手盆和水龙头考虑到了水型，并配备了洗手液容器、烘手设备、感应式净手设备及消毒纸巾等，厕所洗手盆前方都设有面镜，厕所地面砖防滑且耐脏，如图 4.21 所示。

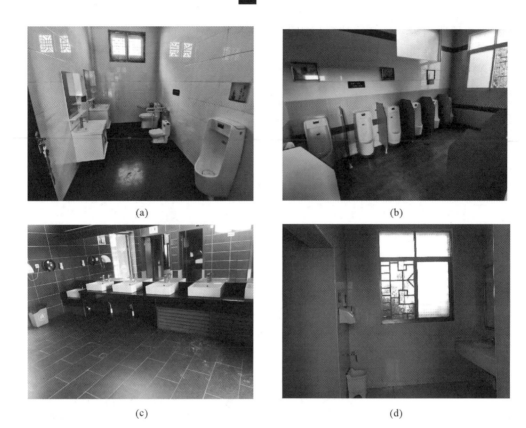

(a)　　　　　　　　　　　　　　　(b)

(c)　　　　　　　　　　　　　　　(d)

图 4.21　厕所内部建筑材料

（a）坐便器；（b）小便器；（c）洗手盆；（d）烘手器

5. 厕所建筑色彩

如果说下水道是一个城市的良心，那么厕所就是一个地方的窗口，厕所可以反映当地的文化和环境。如今，越来越多的设计师开始重视对厕所的设计。景区旅游厕所的色彩主要与周围建筑及环境相一致，寺庙建筑周边的厕所外观主要以黑、青、灰、白等颜色为主，主要考虑到色彩的一致性。也有厕所（如木兰玫瑰园景区厕所）建在空旷、独立的风景处，在外观方面，厕所与环境融合，颜色亮丽，主要以红色和青色为主，与周围花草树木相得益彰，又使得厕所位置更加醒目，可谓一举两得。

6. 厕所管理

在厕所管理这一方面，木兰山风景区的做法值得借鉴。据调查，在景区的每一个厕所都设有专门的工作间与管理间，并且每天派厕所管理员打扫厕所。通过人物访谈得知，当地厕所管理员对管理该厕所提出了一些看法，因此可以看出他们对于管理工作很用心。木兰文化生态旅游区在厕所管理运营方面，主要采取两种模式：一种是自主管理经营模式，景区派专人打扫厕所，这是很多景区采取的管理模式；另外一种是承包经营模式，这种管理模式在当地很有特色。所谓承包经营，是指政府或管理单位与承包者签订承包经营合同，将厕所"经营管理权"全部或部分在一定期限内交给承包者,由承包者对厕所进行经营管理。经营者若经营得好就能获得利润,同时有利于提高厕所服务质量。该景区沿线部分旅游厕所采取的模式是将经营场地与旅游厕所结合在一起。笔者通过现场调查和人物访谈发现,在景区沿线的厕所旁边大都建有一个商铺。该景区管理单位将商铺无偿租给承包者,但要求商户管理周边的旅游厕所。同时,每年按照旅游厕所的环境整洁程度和游客满意度,给厕所承包者一定的经济奖励,以此来激励承包者。

木兰山风景区厕所通过这种承包经营模式,省去了旅游厕所建成后的维护费用。承包邻近厕所的商铺经营者则无偿获得了商铺的经营权,由于利益驱动,厕所承包者积极性较高,厕所的整洁卫生程度和游客满意度明显提高。应该说,木兰山风景区在响应"厕所革命"的号召方面做得十分优秀和全面,不仅对设备进行了更新,还对管理方法进行了改进,值得很多旅游景区借鉴。

7. 厕所文化

木兰山风景区的寺庙文化底蕴十分深厚,而景区的厕所外观设计充分考虑到了景区的寺庙文化。厕所管理员告诉笔者,进行厕所的外观设计时征求了当地许多居民的意见。厕所并非远离周边建筑,独自建在某个阴暗的角落,而是与周边建筑和风景融为一体。

在"厕所革命"的风潮中,木兰山风景区毫无疑问是佼佼者,该景区的厕所成了木兰山风景区的标志,能将该景区的文化底蕴表现出来的标志。

8. 小结

冰冻三尺,非一日之寒。"厕所革命"绝非一时之功,木兰山风景区的厕所建设也是经过了多年的努力才获得如今的成果。在"厕所革命"方面,木兰山风景区作为先驱者是十分成功的,它的许多做法和方式值得很多地方借鉴。

5 鄂东山地型传统村落厕所的规划改造设计概念方案

5.1 现代村落厕所

5.1.1 设计理念

1. 厕所的建筑形态

鄂东地区地形多变，在建造厕所时应根据地形条件，因地制宜，尽量减少对山体地表的改变，使建好的厕所与山地环境相融合。同时，应追求现代简约的设计风格，以三步一景、五步一观的建筑手法，在中轴线对称的基础上做到建筑的各部分高度差合理，使厕所整体看起来错落有致，体现出民俗风格的层次美、韵律美、人文美，如图5.1（本章图由笔者自绘或拍摄）所示。

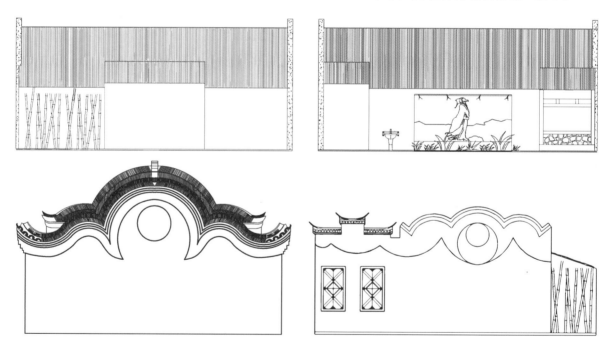

图 5.1　村落厕所外观设计造型

2. 厕所的建筑风格

村落厕所的建筑风格应与村落整体风格统一，与周边环境统一。因此，在设计时应参考当地建筑的空间、结构、材料及装饰风格，尊重鄂东地区建筑的传统工艺，使建筑具有自己的民族特色和地方色彩。

　　具体来说，鄂东民居特有的龙凤马头墙、门楼、木雕等因素在设计时都应考虑到。村落厕所的建筑风格见图5.2。

图5.2　村落厕所建筑风格

　　3. 厕所的建筑色彩

　　建筑色彩是一种建筑语言，不同性质的建筑都有与其对应的建筑语言，在规划设计时应该选择合适的色彩以增强建筑的观赏性。

　　在选择建筑色彩时，首先应考虑与村落的整体景观相协调，把握好整体性原则；不能与民居颜色完全一样，需要具备一定的识别度；色彩不应过多，要合理搭配，不同颜色的面积要合适，体现出简洁性。鄂东民居建筑色彩整体以青色、黑色为主，近代民居外墙也有用黄色和泥土色的材料进行粉刷，可借鉴鄂东建筑彩绘造型，将其绘于建筑外墙屋檐下或建筑内部木构件上，以丰富该建筑的色彩。

　　4. 厕所的建筑材料

　　鄂东村落道路较为艰险，建筑材料的运输费用高。再者，考虑到与村落本身的协调性，建造厕所时应该优先选取当地的建材，如石材、木材，尽量少用或不用现代新型材料。这既可节约成本，方便施工，又体现了当地的文化，如图5.3所示。

图5.3　村落厕所建筑材料

5.1.2 设计方案

1. 村落厕所的外环境设计

厕所的外环境是规划设计中十分重要的部分，被调研的几个村落大都忽视了这个部分。外环境对厕所起着遮掩和美化的作用，还能够丰富建筑造型，使建筑更好地融入周边环境中，提升环境品质；能够使如厕具有一定的私密性，给如厕者带来更好的使用体验。此外，外环境还可用作休息空间。

（1）外环境的场地空间

厕所外环境的场地空间给厕所使用者提供了等候、休息空间。厕所的坡度较大时不易设置休息空间。厕所坡度较小时宜布置休息空间。场地大小应该根据厕所的规模、人流量、地形条件和周边环境综合考虑。地面铺装应该与周边环境相协调，从材质、颜色、图案等方面综合考虑，以简洁性为原则，不可过于花哨而破坏了景观的整体性。地面铺装还应优先选择当地材料。

（2）外环境的绿化空间

外环境的绿化空间指厕所周边的植被。它们有遮蔽建筑物、美化环境、保护厕所使用者隐私的功能。植被通过围合的方式遮蔽视线，在设计植被的围合方式时要考虑厕所的具体位置、周边环境及建筑形态。

藤蔓植物具有攀爬的特点，将藤蔓植物种植于厕所外墙，可形成天然屏障、遮挡视线，并可以美化厕所外观，使厕所与周边环境相协调；也可以种植灌木来形成较密集的绿化带，界定空间，进行柔性隔离；还可以运用近低远高的方式，在满足隐蔽性要求的同时丰富了空间层次；此外，还可布置花坛进行绿化，花坛能较好地适应地形的变化。

2. 村落厕所的细节设计

（1）无障碍设计

鄂东村落中老年人占大多数，在规划设计时首先应该考虑到老年人的如厕需求，设置无障碍厕所，如图5.4、图5.5所示。

（2）标识设计

导向标识具有行动指南作用。在调研时发现，很多厕所都没有导向标识。根据以人为本的原则，导向标识的高度应该在2～2.4 m之间，字体大小应在8 cm以上，可使用当地材料，在保证其功能的同时考虑到其文化性。

（3）采光设计

村落厕所的采光主要依靠自然光。在利用自然光时，首先应该选择光线较好的坡向，如南坡、东南坡、西南坡，一般不布置在北坡；再者，要充分利用天窗和窗户，最大限度地利用自然光。同时，厕所内需要安装人工照明灯具。应该尽量选择光线较为明

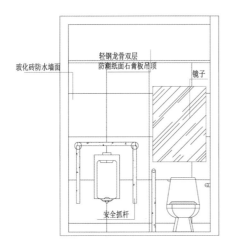

图 5.4　无障碍厕所设计（一）

图 5.5　无障碍厕所设计（二）

亮温暖光线的感应灯。

（4）通风设计

大多数村落厕所的通风设计并不完善，厕所内臭味明显。考虑到地形、资源等因素，在山地型村落厕所中一般采取自然通风的方式，在设计时应有效利用穿堂风进行通风散味。

5.2　鄂东青砖厕所

5.2.1　设计理念

1. 自然通风

在设计中正确布置进气口和排气口可实现厕所内的自然通风换气。山地公厕建筑选择朝向时，一般使厕所纵轴垂直于夏季的主导风向，并在相应位置设窗，利于排除异味。在条件允许的情况下，多设置窗子，并尽量加大窗的尺寸和降低窗台的高度。一般将不临路的窗台设置成 1.5 m 高。厕所中还可设计天窗，使气体流通过建筑物两侧的窗进入，从天窗两侧的出风口自然排出。天窗应设在气流的负压区。因此，蹲位应设在天窗下，以缩短臭气排出路径。风向变化时，天窗的排气口会出现臭气倒灌现象，因此，为保证天窗稳定排气，应在天窗的出风口设挡风墙。

除上述方法外，还可利用墙角和墙体通风。在拐角处和无窗的墙上增设通风道可形成穿堂风，从而解决了堂内的通风除臭问题。此外，还可将换气扇安装在厕所上部，在外墙底部和门的下部留进风口，使厕所内的空气被抽出后得到及时的补给。

2. 采光

在设计时我们通过以下两方面尽量利用自然光线。第一，选择光线较好的坡向位置。通常情况下，南坡、东南坡、西南坡日照时间较长，东坡、西坡次之，北坡和东北坡或西北坡的日照时间最短。一般不将建筑物布置在北坡。第二，通过天窗和各方向的环绕窗户，最大限度地利用自然光。但考虑到公厕的私密性要求，窗户开口不宜过大。

3. 照明

山地厕所的整体照明应使得厕所内达到一定的亮度，使厕所显得干净明亮。洗手台的照明要满足明亮和化妆的要求。厕所内尽量不选用手动开关，而应选用感应灯，以避免人们接触到被污染的开关按钮。

在具体的设计工作中，设计师充分认识和理解鄂东传统文化，将传统文化元素应用到设计中去。同时，设计师还要在实践中不断总结经验，创新鄂东传统文化的体现方式，使设计出的建筑更加符合审美需求，更加完美地体现鄂东当地的文化元素。依据以上设计理念，鄂东青砖厕所室内效果图如图 5.6 所示。

图 5.6　青砖厕所室内效果图

5.2.2 设计方案

在考虑地形进行具体设计时，要综合考虑所建厕所类型标准、服务层次、功能流线和不同使用空间。首先，对公厕周围的环境进行分析，根据道路和人流走向等情况确定厕所的具体位置。一般情况下，公厕应面向人流集中的道路，以利于有如厕需求的人清楚地看到公厕并且到达公厕。

所设计的厕所（图 5.7、图 5.8）总占地面积约为 60 m²。其中，男士小便器平面尺寸为 36 cm×64 cm 左右，它的使用平面尺寸为70 cm×90 cm；一个蹲便器的平面尺寸为 58 cm×26 cm，它的使用平面尺寸为 73 cm×73 cm；一个普通带水箱的坐便器的平面尺寸为 33 cm×55 cm，它的使用平面尺寸为 120 cm×80 cm。

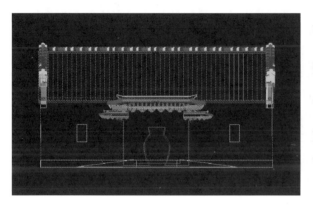 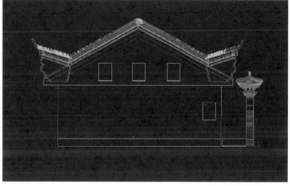

图 5.7　厕所立面图

补充一点，中国的民俗元素逐渐受到人们的喜爱，无论是室内设计还是室外建筑设计，都恰到好处地使用中国民俗元素，不但是对中国传统文化的继承和发展，也是一种创新。

图 5.8　厕所建筑效果图

5.3 夯土厕所

5.3.1 设计理念

鄂东丁家田湾是中国传统村落，目前已成为山地型旅游景区。本方案根据丁家田湾的地势和气候，尝试把丁家田湾原来的厕所改造为夯土厕所。

原厕所周围的房屋建筑基本为夯土建筑，将原来的厕所改造为夯土厕所后，新厕所具有一定的景观性。同时，对新厕所的粪便进行无害化处理，新厕所具有了生态厕所的特征。

改造为夯土厕所后，新厕所与原来的厕所相比有以下特点：

（1）减少了环境污染。生态厕所通过技术手段对粪污进行无害化处理后再将粪便回归于环境，减少了对周围环境的污染。

（2）节省了资源。生态厕所具有节水节能的特点，在使用上减少了对资源的需求。

（3）能适应山地环境。

5.3.2 设计方案

首先，改变厕所的朝向，使新厕所朝向西南。改变朝向后，厕所内阳光充足并且厕所内的空气流通。

其次，将原本建在高坡上面积小、功能不完善的厕所改造成吊脚式厕所。同时，在原厕所的基础上进行扩大，并且利用坡度来做残疾人专用的滑道和走道，避免前期需要填土而建人造滑道。

再次，将原来不完善的男女厕所改造成综合性厕所。原来的厕所设施过于简单，男女厕厕位的比例也不合理。新厕所的男厕厕位为 4 个，女厕厕位为 7 个。另外，扩充一个残疾人专用厕所，设置无障碍通道、扶手、防滑垫等；专设一个母婴卫生间，该卫生间带有母婴所需要的操作台、婴儿专用椅和母婴所用的厕位；设置一个专用的储藏室用于放置打理厕所所需的洁具。为了进一步满足如厕者的需求，在厕所隔间设置物架、卫生纸、粘钩，在厕所里增加洗手台、镜子、烘手机。

最后，根据地形、地势，种植两排树作为厕所外围。将树设计成 L 形的围合，将厕所的后侧和右侧进行围合，以遮挡外面游人的视线，营造私密空间。在厕所右侧墙面开 3 个通风窗，窗户的下窗台离地面的高度约 1.8 m，窗高为 400 cm，既美观又有利于通风。

总之，整个厕所外形类似一个简单的四合院，廊道为残疾人厕所和母婴厕所的通道。在通往普通男女厕所的走道旁，有景观小品和石凳。考虑到人流量的问题，在厕所旁边设计了观景台，以供如厕者休息和等待时观景。厕所平面图如图 5.9 所示，厕所内效果图如图 5.10 所示。

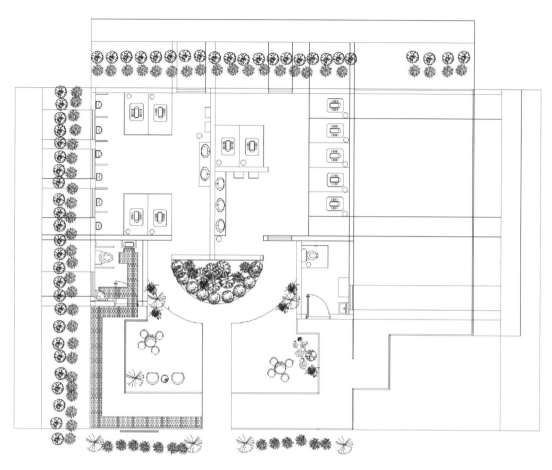

图 5.9 厕所平面图

图 5.10 夯土厕所内效果图

5.4　以人为本厕所

5.4.1　设计理念

（1）总的设计理念是厕所要具有鄂东地方文化特色，风格统一，彰显地方建筑特色。

（2）整个厕所既要干净、卫生、防臭，又要方便、适用和节水。

5.4.2　设计方案

（1）厕所入口及通风口设计

设计厕所朝向时尽量使纵轴垂直于夏季主导风向，同时考虑到太阳辐射因素，采用遮阳板或遮阳百叶以减少室内热辐射。增大门窗的开启角度，改善厕所的通风效果，加大挑檐宽度以便空气流通。增设引气排风道，在自然通风不能满足要求时，利用机械通风，以保证厕所内异味的排出。

（2）厕所标识设计及空间设计

统一厕所标识，在所有厕所入口处设置风格一致的灯箱，让厕所具有鲜明的特点，增强其可识别性。在进行平面布置时将大便间、小便间和盥洗室分室设置，使各空间具有独立的功能。除考虑洁具的位置外，每个单元空间充分考虑其他相关管道，以及设备安装所需要的空间，同时留出足够的使用空间。

（3）厕所内部分细节设计

厕所的大便器以蹲便器为主，并为老年人和残疾人设置一定比例的坐便器。蹲便器采用脚踏开关冲便装置，厕所的洗手龙头、洗手液采用非接触式的器具并配置烘干机和一次性纸巾。洗手盆和小便斗均采用挂墙式。

（4）厕所外环境设计

① 对厕所外面进行绿化；

② 在厕所外面设置休息区域，以供他人观景和休息。

（5）面积分配

男厕面积：23.6 m²

女厕面积：22.5 m²

无障碍公厕面积：7.9 m²

其他面积：6 m²

总面积：60 m²

厕所的平面图和立面图如图 5.11 所示，厕所的效果图如图 5.12所示。从图中可以看出，厕所的山墙是具有鄂东特色的凤凰式山墙。

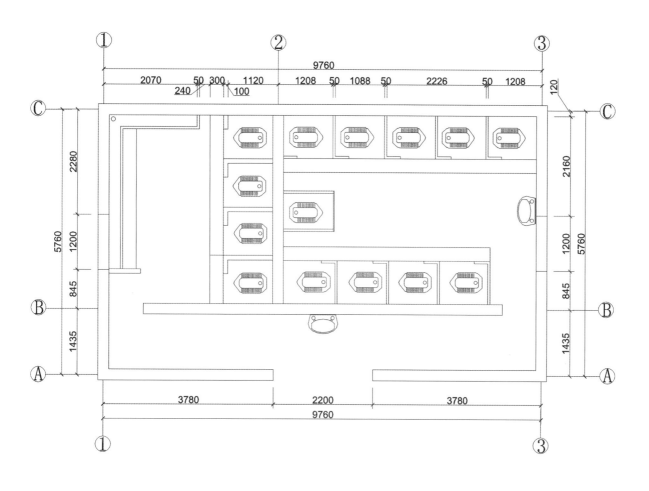

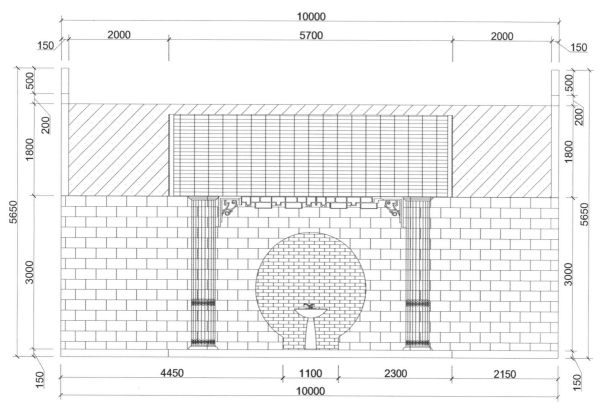

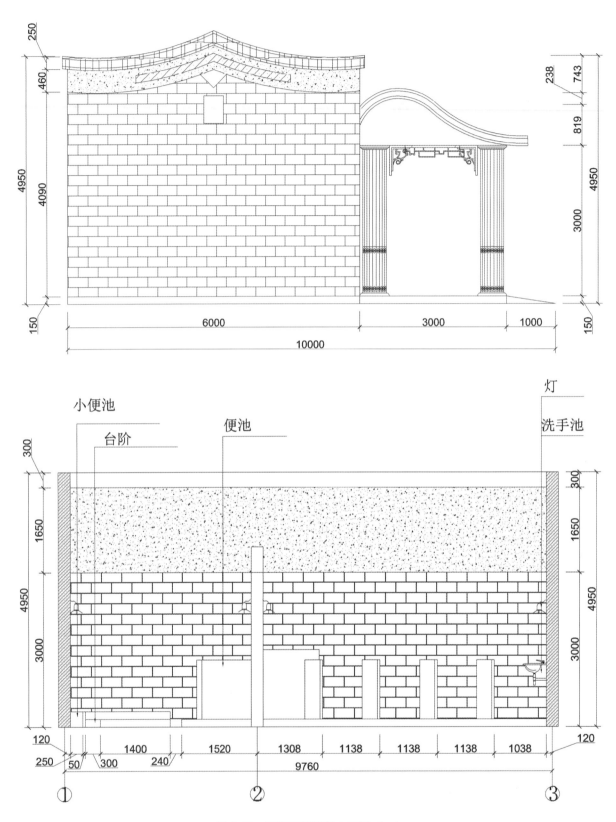

图 5.11 厕所平面图与立面图（一）

图 5.12　厕所效果图（一）

5.5　山地厕所

5.5.1　设计理念

传统村落景区中厕所的人流量较大，厕所的建筑风格可以充分体现出鄂东地区的建筑风格。本方案根据鄂东地区建筑文化的特点，将厕所的山墙设计成龙形马头墙样式。马头墙又称风火墙、封火墙、防火墙等，指高于两山墙屋面的墙垣，也就是山墙的墙顶部分，形状酷似马头。鄂东村落中房屋密集，山墙具有防火、防风的作用。本方案中的马头墙呈水平阶梯形。此外，为了与环境协调一致，厕所的砖墙采用黄色。

5.5.2　设计方案

1. 厕所设计

（1）考虑到老年人如厕频繁、行动缓慢、易滑倒，设置无障碍厕所，全程设扶手，并且选用防滑地砖。

（2）考虑到残疾如厕者和母婴如厕者，设置缓坡以供轮椅和婴儿车通行。

（3）考虑到幼儿游客，设置高度低的坐便器和洗手池。

（4）厕所内的设施要求技术先进、可靠、使用方便、节能降耗。

（5）厕所选址要考虑人流量。

2. 通风口设计

由于该方案中的厕所人流量较大、对私密性要求较高，自然通风达不到卫生要求，因此采取机械通风的方式。机械通风可分为换气扇通风和管道井通风两种方式。在安装换气扇时，应当将换气扇安装在厕所内上部，外墙底部和门的下部要留有进风口，使厕所内的空气被抽出后及时得到补给。管道可抽走厕所内的臭气，并通过上部的特殊装置将臭气吸收净化。

3. 山地公厕外环境设计

（1）使厕所具有隐蔽性。
（2）使厕所具有便捷性。
（3）使厕所便于如厕者和等候者聚集疏散、停留休憩。
（4）使厕所与山地环境协调。

4. 面积分配

男厕面积：24 m²
女厕面积：23 m²
无障碍公厕面积：10 m²
其他面积：12 m²
总面积：69 m²

厕所平面图和立面图如图5.13所示，厕所效果图如图5.14所示。

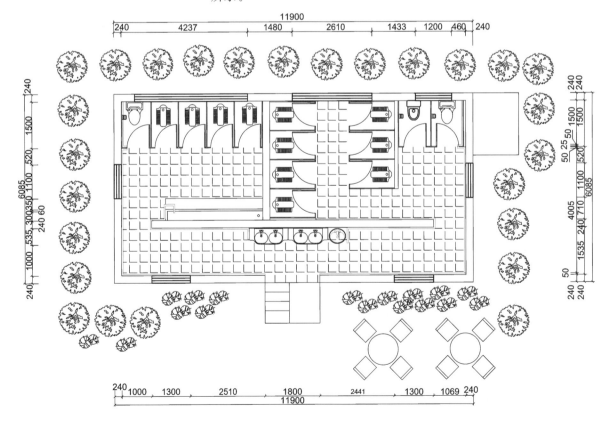

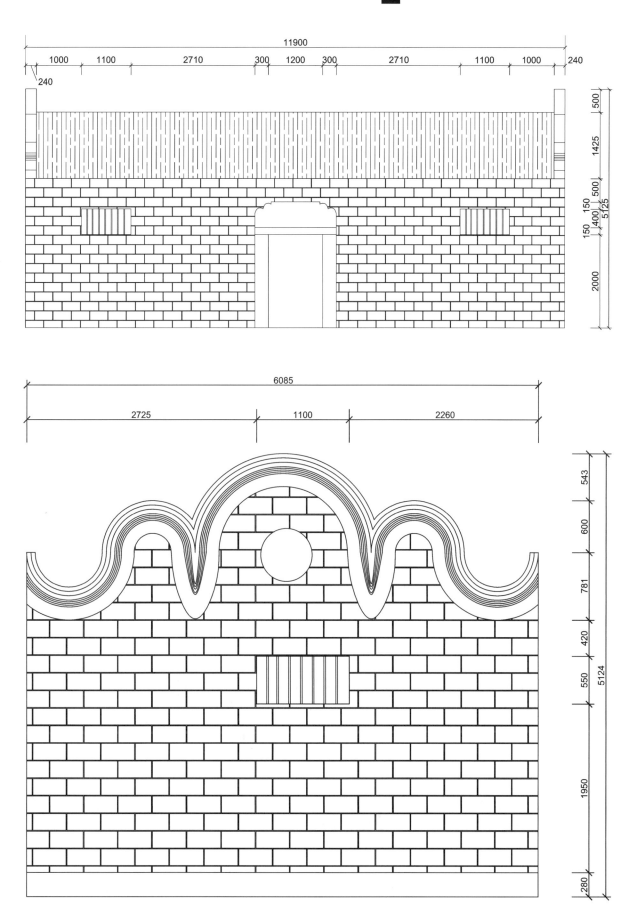

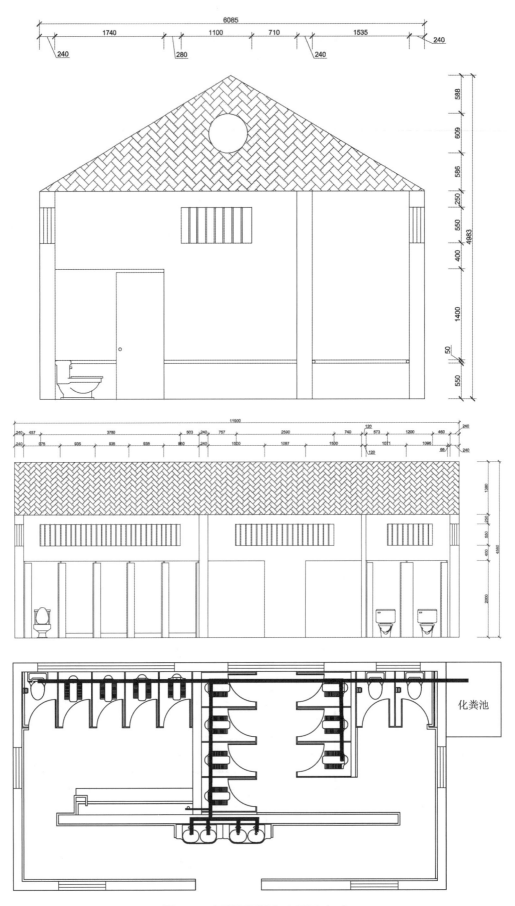

图 5.13 厕所平面图与立面图（二）

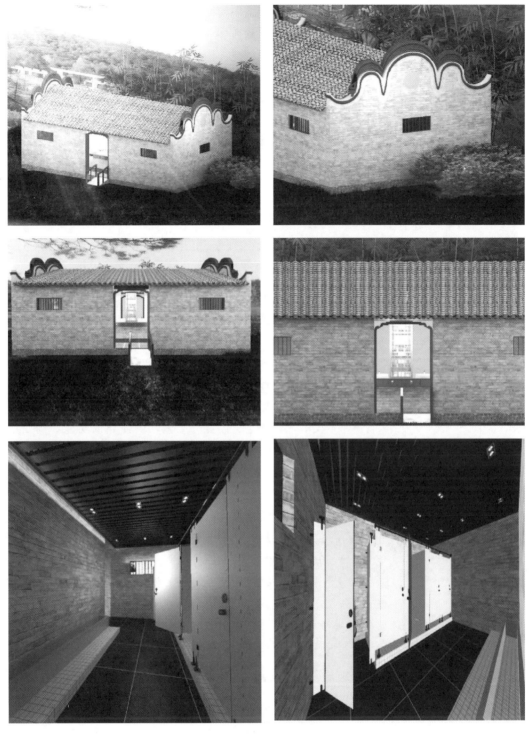

图 5.14 厕所效果图（二）

5.6 生态厕所

5.6.1 设计理念

总的设计理念是建造厕所时选用新型环保材料，既不破坏环境，又能节约资源。

（1）建造厕所时就地取材，如当地所产的砖、瓦、山石和木材等材料。厕所主体由夯土建造而成，屋顶用青瓦片建造而成。一方面，砖、瓦、山石和木材等取材方便，在城市建设中应用很广泛，价格低廉，施工便捷；另一方面，用这些材料建成的厕所与当地民居肌理相协调，能体现当地特有的地域文化。

（2）用添加有黏土的空心砖来代替传统黏土砖。这有效地解决了墙面开裂的问题。

（3）用塑木代替传统天然木材。塑木质坚、量轻、使用寿命长。

5.6.2 设计方案

1. 标识设计

（1）导向标识应采用易识别的图案和文字。

（2）把标识牌制作得稍大一些，且标识牌上应标明所指示厕所位置的箭头、距离，如有拐弯还需明确拐弯路线。

（3）标识牌的位置与厕所的距离要适中，并导向最短路径。

（4）标识牌的高度为 2～2.4 m。

（5）标识牌采用抗老化的材料制作，还可以采用新工艺、新技术，如镂空、浮雕等工艺，增强导识功能。例如，灯光结合镂空工艺可使人们在夜晚清晰地看见标识牌上的内容。

2. 无障碍设计

（1）设置无障碍厕位，且采用坐式便器，高度为 0.45 m。厕位两侧距地面 0.7 m 处设长度不小于 0.7 m 的水平安全抓杆，其中一侧的水平安全抓杆端头应向上垂直延伸 0.7 m。

（2）无障碍厕位对应的厕门外开，厕门的宽度不小于 0.8 m。

（3）残疾人厕位在男厕厕位前面。

（4）孕妇专用厕位或带幼儿妇女专用厕位在普通女厕厕位前面，并且这两类厕位两边都设置扶手。

3. 布局及设施设计

（1）男厕设 4 个蹲厕，一排站式小便器，3 个洗手池。其中两个为大人用洗手池，一个为小孩专用的 70 cm 高度的洗手池。

（2）女厕设 6 个蹲厕，3 个洗手池。两个为大人用的，一个为小孩用的。

（3）厕所门后地面下降 5 mm 左右，以防水溢出。

（4）男厕、女厕都设门，以保证如厕者的私密性。

（5）对厕所周围进行绿化，一是净化空气，二是美化环境。

4. 面积分配

男厕面积：22 m²

女厕面积：23 m²

无障碍公厕面积：10 m²

其他面积：11 m²

总面积：66 m²

生态厕所效果图如图 5.15 所示。

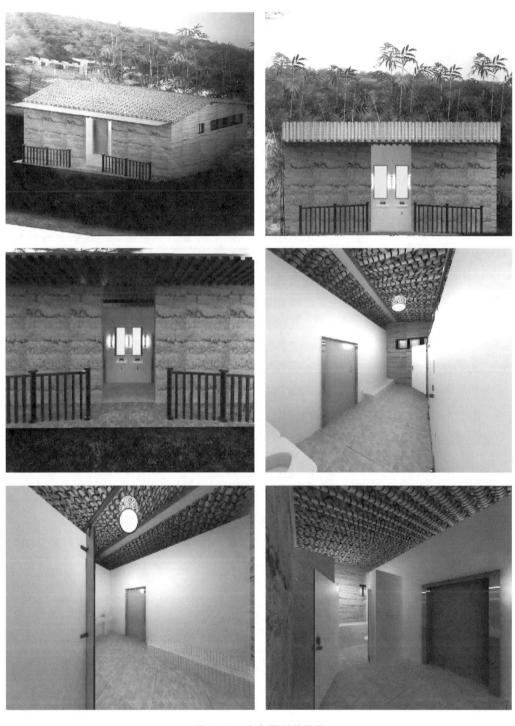

图 5.15　生态厕所效果图

5.7 青砖龙形马头墙厕所

5.7.1 设计理念

（1）考虑地形和风向这两个因素。

（2）考虑当地民居的特点，当地人的价值观念、生活习俗，以及现代科技水平。

（3）墙面的建筑材料采用青砖，将山墙建成龙形的马头墙。

5.7.2 设计方案

（1）厕所总面积为 72 m²。

（2）进行无障碍式设计。从进门到厕所内部，为残疾人士设计专门的过道和如厕空间。

（3）在厕所外部设计遮门墙和一些绿植，为厕所增加一定的隐蔽性。

（4）在厕所门口设计休息区，主要供如厕者等待和休息时用。

（5）洗手台处设计 3 个洗手池，两个成人高度的和一个儿童高度的。

（6）厕所门口的后面设计储物柜，方便存放东西。

（7）男厕厕位采用四蹲四站一坐式，女厕厕位采用六蹲一坐式。

（8）在厕所四周均设置通风口，在屋顶设天窗，以利于空气流通；此外，在厕所外部空地上安装风能发电机，在厕所墙上设两个排风机口，进一步通过机械方式为厕所进行换气。

（9）在屋顶四周做一圈可以收集雨水的水槽，并使水槽通向集水箱，使集水箱连接各个厕所，这样就可以利用雨水进行厕所的清理。

（10）厕所附近有大量的农田，应该从环境保护、循环利用、卫生安全等方面考虑粪便的处理问题。

厕所部分相关图如图 5.16 所示，厕所效果图如图 5.17 所示。

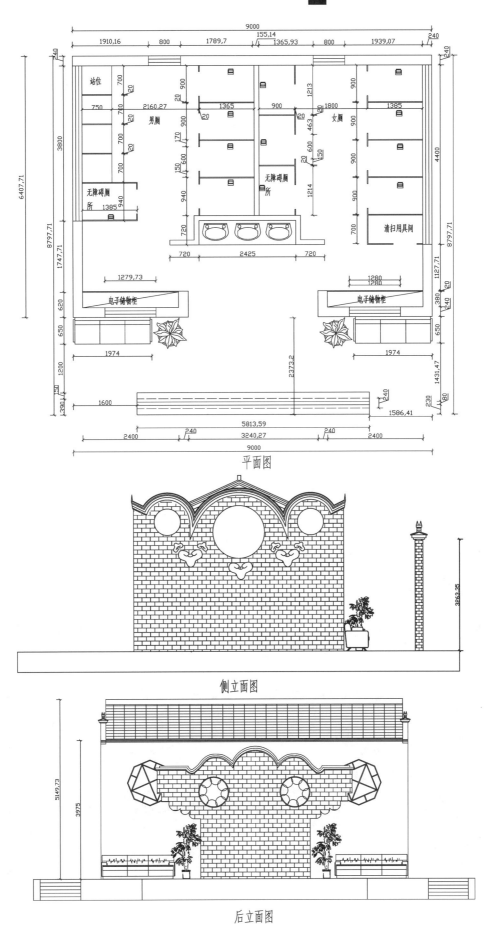

平面图

侧立面图

后立面图

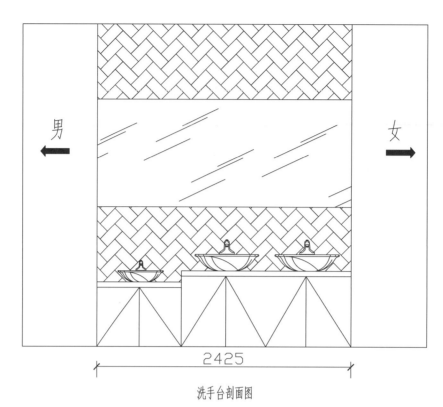

洗手台剖面图

图 5.16　厕所部分相关图

图 5.17　厕所效果图（三）

5.8 厕所改造

5.8.1 设计理念

针对鄂东地区公厕现状及存在的问题，结合鄂东地区实际情况，改造鄂东地区现有公厕，以提升现有公厕档次为重点，以完善鄂东地区公厕为基本出发点。

厕所的改造方案设计要遵循以下两个原则：

①以人为本的原则。公厕要干净、卫生、适用、节水、节能。

②公厕的造型和色彩应与公厕周围的环境协调，公厕的风格还要与鄂东地区其他建筑的风格保持一致。

5.8.2 设计方案

1. 功能分区

区域分配：男厕、女厕、无障碍厕所。

男厕中有小便区、大便区、洗手区，具体为 4 个蹲便器、1 个坐便器、4 个小便斗、4 个正常洗手盆、1 个残疾人专用洗手盆、1 个儿童洗手盆、1 个烘手器，还有一次性纸巾盒。女厕中有 5 个蹲便器、1 个坐便器、4 个正常洗手盆、1 个儿童洗手盆、1 个残疾人洗手盆。此外，公厕中增加了无障碍厕所的设计，厕所外部还有无障碍楼梯，方便残疾人入内使用。

2. 厕所内细节

（1）公共厕所中的大便器以蹲便器为主，并为老年人和残疾人设置一定比例的坐便器。

（2）蹲便器采用脚踏开关冲便装置，厕所的洗手龙头、洗手液采用非接触式的器具，并配备烘手器和一次性纸巾。小便斗和洗手盆为感应式的，感应器用 220 V 交流电驱动，尽量少用干电池。

（3）厕所内选用铝扣板吊顶、铝百叶换气窗、墙砖和防滑地砖。

3. 面积分配

男厕面积：25.65 m²

女厕面积：25.32 m²

无障碍公厕面积：6.7 m²

其他面积：8.8 m²

总面积：66.47 m²

厕所设计如图 5.18 至图 5.21 所示。

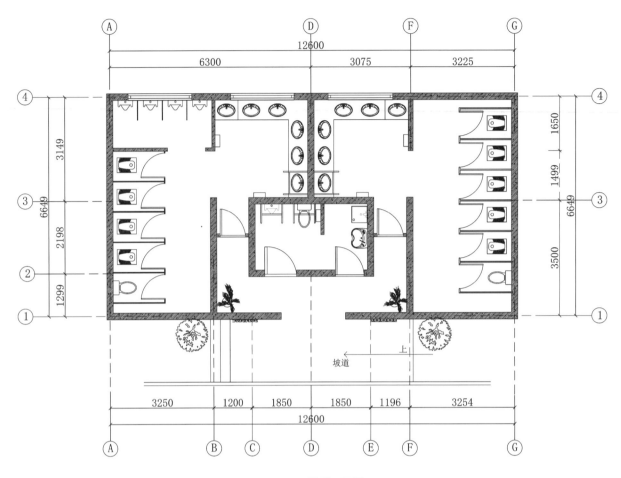

图 5.18 厕所平面图

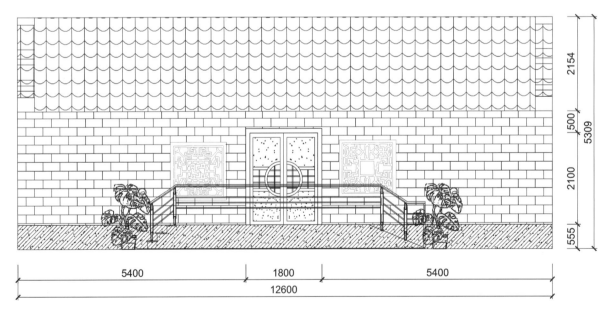

图 5.19 厕所立面图（一）

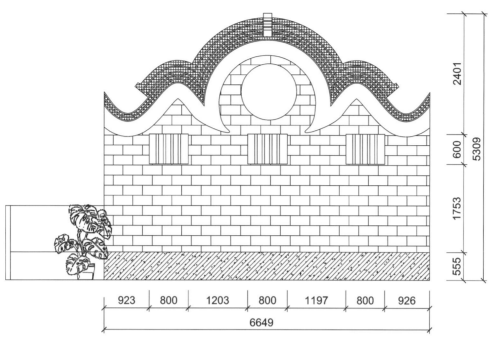

图 5.20　厕所立面图（二）

图 5.21　厕所效果图（四）

5.9　特色厕所

5.9.1　设计理念

（1）添加鄂东地区明清老宅的建筑元素，特别增加有地方特色的封火墙，使建成的厕所既简单大方，又完美地与当地古建筑融为一体。

（2）建筑用材主要来源于当地常用的材料，如毛石、块石、片石、木材、瓦、水泥砌块等。

（3）专门设计残疾人专用厕所。

（4）在村子入口处，在公厕中间某处设一定坡度以抬高，有意吸引过往车辆中如厕者，增大其驻足"小憩"的可能性。

5.9.2 设计方案

1. 功能分区

公共厕所中有男厕、女厕、无障碍厕所和工具间。男厕中有小便区、大便区、洗手区,具体来说,有 3 个蹲便器、3 个小便斗、2 个正常洗手盆、1 个烘手器,还有一次性纸巾盒。女厕中有 8 个蹲便器、2 个正常洗手盆。公共厕所中还增加了无障碍厕所的设计,厕所外部还设有无障碍楼梯,方便残疾人入内使用。

2. 面积分配

工具间面积:1.7 m²

男厕面积:15 m²

女厕面积:24.8 m²

无障碍厕所面积:6.1 m²

总面积:47.6 m²

特色厕所平面图如图 5.22 所示,特色厕所效果图如图 5.23 所示。

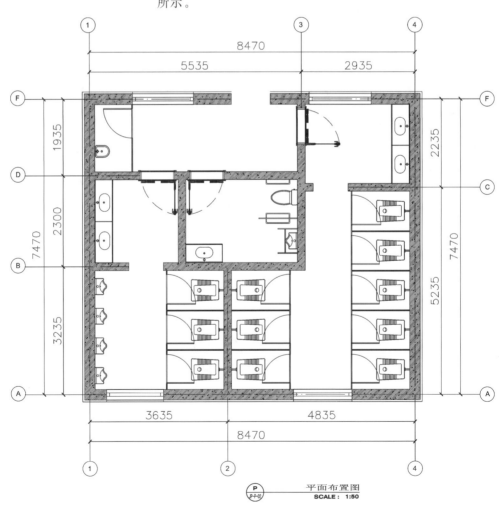

图 5.22 特色厕所平面图

图 5.23　特色厕所效果图

5.10　功能厕所

5.10.1　设计理念

（1）本方案针对麻城杏花村公厕现状及存在的问题，结合杏花村实际情况，以完善现有公厕为目的。

（2）增加了当地封火墙设计。

（3）建筑材料主要用当地的石材和青砖，使建好的公厕外观上和当地民居协调且风格一致。

（4）厕所内采用现代装饰风格。

5.10.2　设计方案

1. 功能分区

公共厕所中有男厕、女厕（洗手间除外）。

男厕中有 3 个蹲便器，以及若干个小便池。女厕中有 5 个蹲便器。另外，有 2 个公共洗手盆，而且配备了 1 个烘手器和 1 个一次性纸巾盒。

2. 面积分配

男厕面积：31.5 m²

女厕面积：31.5 m²

功能厕所平面图如图 5.24 所示，功能厕所立面图如图 5.25 所示，功能厕所效果图如图 5.26 所示。

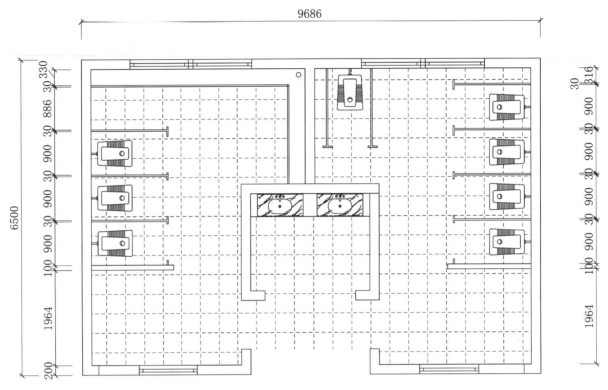

图 5.24 功能厕所平面图

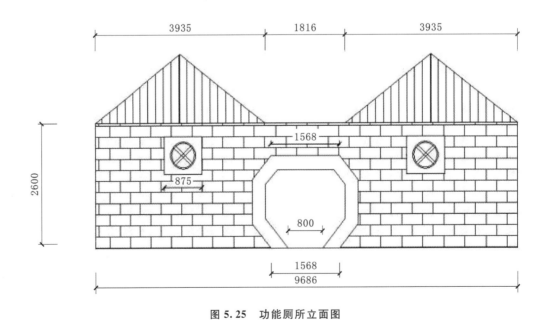

图 5.25 功能厕所立面图

图 5.26 功能厕所效果图

5.11 石厕

5.11.1 设计理念

（1）该厕所干净、卫生、适用、节水、节能。

（2）该厕所的造型和色彩应与公厕周围的环境协调，风格还要与鄂东地区其他建筑的风格保持一致。

（3）该厕所的平面设计应考虑洁具的使用空间，并应充分考虑无障碍通道和无障碍设施的配置。

（4）该厕所用竹子和石头建成，厕所墙身用石头建造，屋顶由短柱支撑，厕所整体的通风和采光效果都较好。

（5）整个厕所造型是一个树桩，简单又不失地方特色。

5.11.2 设计方案

进门后男左女右，男士蹲位 3 个，女士蹲位 4 个。适当增加女厕的建筑面积和厕位数量。

男厕面积：13 m²

女厕面积：21 m²

其他面积：5 m²

石厕效果图如图 5.27 所示。

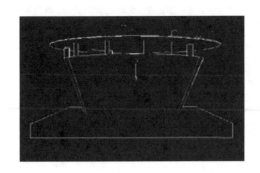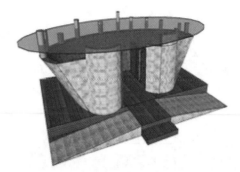

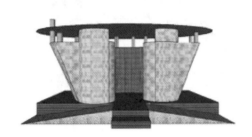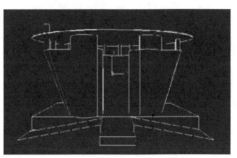

图 5.27　石厕效果图

5.12　乡土厕所

5.12.1　设计理念

本方案添加小院元素，使厕所成为乡村景观的组成部分，并且使游人在等厕位的同时可以在院子里休息、观赏风景。

5.12.2　设计方案

1. 设计细节

（1）外墙以夯土为主要材料。

（2）内部以防腐木为原料，防腐木防虫害性强。

（3）地板是陶瓷锦砖，该砖薄而小、坚硬、耐酸、耐碱、耐磨、不渗水、抗压能力强。

（4）玄关的地面采用花纹式地板砖。

（5）增加残疾人专用厕所的面积，该厕所内采用木制地板，安装自动马桶，且在该厕所四周装不锈钢把手。

（6）洗手台用不同颜色大理石制成，给人以清新感。

（7）运用连体蹲便器。

（8）自然通风和机械方式通风相结合。

（9）女厕的每个厕位附近安装挂钩。

（10）男女洗手台旁各设置一个自动感应烘手器。

2．功能分区

公共厕所中有男厕、女厕、无障碍厕所、母婴室。

男厕所内设 5 个蹲位，6 个小便池。女厕所内设 8 个厕位。

3．面积分配

占地面积为 106 m²，建筑面积为 86 m²，长 12.9 m，宽 8.2 m，高 5.1 m，净高 3.85 m。

厕所各功能区面积如下：

工具间面积：4.4 m²

男厕面积：25 m²

女厕面积：47 m²

无障碍厕所面积：9.6 m²

乡土厕所效果图如图 5.28 所示。

图 5.28　乡土厕所效果图

5.13　小结

乡村地形复杂，村民活动也更具复杂性，某些乡村甚至成为一定规模的景区，乡村厕所作为乡村中重要的生活服务建筑，不仅需要满足人们排泄的需求，而且承担着一定的美化乡村的功能。

从规划角度看，乡村公厕首先要规划布局合理，具有厕所基本的功能，为人们创造易于寻找、服务范围合理的如厕条件是其很重要的作用。

从建筑设计角度看，乡村公厕是一种复杂的建筑单体，设计时不应喧宾夺主，陷入表面化，而应充分考虑乡村的地形特征和通风、采光等要求及建筑形态、外观的设计是否与乡村环境协调一致等方面的问题。

本章简单介绍了一些鄂东山地型传统村落厕所规划改造设计概念方案，笔者结合鄂东山地型地形、村落文化、现代设计理念，共设计了 4 套鄂东地区村落厕所设计方案，具体设计详图见书后附录。

6 湖北山地型传统村落厕所民俗探讨

当前，全国正在不断推进"厕所革命"，许多传统村落厕所将逐渐消失或被改造，村落环境将得到极大改善。对于厕所文化，需要有人挖掘、记录、分析、研究。传统村落厕所是厕所文化的物质载体，厕所与民俗文化如何关联？厕所是改造更新还是拆除重建？这些都是我们要探索的问题。从现状来看，我们对厕所文化的研究远远滞后于对厕所的改造。有的地方进行"厕所革命"时，不考虑当地的实际情况和民俗文化，盲目进行改造，引起了群众的反感，"厕所革命"的推进效果大打折扣。我们要加快对厕所民俗文化进行研究的步伐，将厕所民俗文化保存下来，以留给后人一些资料。因此，本章从建筑学、美学、设计学、社会学、心理学、民俗学等多学科出发，对厕所民俗文化进行系统研究。

6.1 厕所的选址与平面布局

山地型传统村落厕所大致有两种类型：一是在房屋内隔出一个小空间作为厕所；二是在房屋之外单独建一个独立空间作为厕所。恩施苗族和土家族的大多数村落厕所建在房屋内，并且是建在底层，与牲畜住的地方混在一起，少数将厕所单独建在室外。总体来说，湖北山地型传统村落厕所的选址和平面布局的习俗如下：

1. 厕所的选址

厕所的选址受民俗观念影响很深。主要表现在以下几个方面：

（1）厕所常常建在室外，很少建在民居大门口。主要原因：一是厕所建在大门口不文雅，毕竟大门是一个民居的门面；二是厕所内有异味，若建在大门口，自家人或客人会时不时闻到臭味。

（2）厕所一般也不建在民居后面。但随着土地越来越有限和为了收集粪便的方便，从 20 世纪 90 年代开始，很多厕所建在了民居后面，虽离民居有一定的距离，但离农田很近，以便减小粪便的运输距离。

（3）湖北建有四合院的大多数家庭，一般是将厕所建在房屋左右两侧。

2. 厕所的平面布局

厕所的平面布局也有很多讲究。主要有：

（1）大门与厕所门不宜相对。厕所是排泄的地方，是藏污纳秽的地方，厕所通常比较潮湿，容易滋生细菌，若进门就对着厕所，犹如秽气迎人，居住在房屋内的人容易生病。

（2）厨房门与厕所门不宜相对。厨房是烹制食物的地方，厕所是平时大小便的地方。若两门相对，厕所内的细菌很容易进入厨房，很不卫生。

（3）厕所门与卧室门不宜相对。厕所内聚集了细菌和湿气，若厕所门正对卧室门，会对卧室的空气产生影响，对人的身体健康有害。

（4）大门、厕所门、阳台不宜在同一直线上。一方面，大门、厕所门、阳台在同一直线上容易形成"穿堂风"，气流过强，不利于人体健康。另一方面，强气流会把厕所里的细菌带到客厅里，不利于人的身体健康。

（5）厕所门不宜对着床。厕所门正对床，会使厕所的气流直接影响休息的人，对人的身体健康有害，此外，在视觉和心理上对人也会有影响。改善的方法就是改变厕所门的朝向。

6.2　厕所的建造

以前，湖北很多山地型村落交通不便，农民在民居外建造独立厕所时基本上都是就地取材，并且一般是用废旧二手材料，如石材、砖（土坯砖、红砖、灰砖）、木头等。厕所的屋顶一般用灰瓦，用于支撑瓦的檩条和椽用杉木。厕所按材料类型可划分为石头厕所、砖砌体厕所、砖石混合厕所。无论哪种类型的厕所，其建造都非常简陋。在调查过程中笔者发现，大多数私人厕所没有安装门，只留有门洞。为了满足如厕的隐私性要求，有的在门洞前建一堵小围墙进行遮挡，有的直接在门洞处挂一个草帘子或布帘子。

在 20 世纪 90 年代以前，农村里旱厕居多，很多农民将粪便作为一种肥料，因此大多数厕所里设有粪坑以收集粪便。粪坑的大小与家中的总人数有关。农民定期清理粪坑里的粪便，并将它们送往田地。后来，我国出现了很多新型品种的肥料，如氮肥、磷肥、钾肥复合肥等，作为农作物肥料的粪便逐渐被取代。相应地，很多村民自建房屋时将厕所建在室内，厕所与室内其他功能空间合在一起，以前的厕所逐步演变成现代的卫生间。人们在卫生间里既可如厕，又可洗脸、刷牙、洗澡、洗衣服。

在湖北恩施地区，以前很多山地型传统吊脚楼的上部分供人居住，下部分主要作为猪圈用。在猪圈上部楼板上的对应地方留一个大便洞口，以便大便直接从上部洞口掉落到猪圈。为了美观，不如厕时这个洞口都用木板或其他物体盖住。猪有时把人的大便吃掉，这样可以节约一部分猪饲料，多余的大便和猪粪一起作为农作物肥料。随着社会的进步，吊脚楼的建造发生了一些变化。

最为明显的变化是，吊脚楼的厕所由楼上移到了楼下，建在了与猪圈相连的地方，厕所和猪圈用石头或砖墙分开。这样的变化使得室内环境得到了很大改变。

6.3 厕所的使用

以前，农村里基本都是旱厕，农民如厕时主要是以蹲式为主，久而久之，蹲厕成了一种如厕时的习惯。现在，随着"厕所革命"的进行，即便很多村民拥有了现代化的水厕，有条件安装马桶，但村民仍习惯于传统的蹲式如厕。但腿脚不便的老人，对马桶持欢迎态度。而身体健康的老人，大部分还是选择蹲便器，一是因为习惯，二是为了节约用水。因此"厕所革命"要考虑到农民如厕习惯方面的因素。此外，对于水厕，有些村民不愿意用自来水，而选择其他用水，这也与村民的节约习惯有关。

20世纪80年代以前，由于经济条件有限，卫生纸在农村并没有普及，并且大多数农民没有如厕后洗手的习惯。现在，大多数村民都跟上时代，用上了卫生纸。此外，大便的处理方式也发生了变化，过去靠人从粪坑中清理粪便，现在用吸粪设备从厕所抽取粪便，然后进行专业化处理。粪便对环境的污染大大减小了。

总之，我们在进行厕所改造时，要考虑当地的厕所民俗和如厕习惯，针对不同的人群进行特殊的考虑，把乡村振兴的民生工程落到实处。

参考文献

[1] 周俊黎.城市山地公园公共厕所规划设计研究:以重庆主城区为例[D].重庆:西南大学,2015:1.

[2] 杨珊.胶东半岛乡村厕所文化及其现代变迁:以艾家屯为个案研究[D].开封:河南大学,2020:1.

[3] 高素坤,吕明亮,姚久星,等.组合式生态卫生旱厕在农村地区的应用[J].山东农业大学学报(自然科学版),2016,47(5):736-739.

[4] 朱嘉明.中国:需要厕所革命[M].上海:三联书店上海分店,1988.

[5] 高枫,韦波.农村改厕是实践"三个代表"的具体体现:广西农村改厕工作的实践与体会[J].中国卫生政策,2002(12):44-62.

[6] 金立坚,曹昌志,黄怀勋,等.四川省农村改厕现状[J].预防医学情报杂志,2007(4):430-432.

[7] 王其钧.中国传统厕所研究[J].南方建筑,2010(6):43-46.

[8] 侯克宁,王卫东.乡村文明建设背景下的农村厕所改革问题研究[J].河北农业科学,2011,15(8):98-100.

[9] 王占北,李丽婧.鲍峡镇厕所设计考察报告[J].设计,2015(14):58-59.

[10] 李炳忠,赵金子.东营"厕所革命":美丽农村新路径[J].城乡建设,2016(11):76-77.

[11] 丁金龙.当前农村改厕的难点和对策探讨[J].江苏卫生保健,2002,4(1):25-26.

[12] 吴刚.农村改厕工作中存在的主要问题及对策[J].中国初级卫生保健,2003(8):79-80.

[13] 李凤霞,张奎卫,胡军,等.农村改厕工作的困难和对策探讨[J].环境与健康杂志,2006,23(3):279-280.

[14] 夏渤洋.历史文化名村官沟古村厕所、环卫设施改善对策研究[D].北京:北京交通大学,2014.

[15] 汪宇.美丽乡村建设背景下乡村改厕运动的困境与解决路径[J].无锡职业技术学院学报,2017,16(3):60-63.

[16] 宿青平.大国厕梦[M].北京:中国经济出版社,2013:25-26.

[17] 谢世谦.湖北省农村"厕所革命"问题的实证研究:以试点"义堂镇"为例[D].武汉:华中师范大学,2019.

[18] 肖会轻.石家庄推进农村"厕所革命"的调查研究[D].石家庄:河北科技大学,2019.

[19] 潘振宇.乡村振兴背景下农村厕所革命的制约因素及对策研究:基于扎根理论分析[J].科技经济导刊,2019(24):2.

[20] 张姣妹,徐聪聪.乡村振兴战略下农村"厕所革命"的发展对策:以河南省洛阳市乡村地区为例[J].台湾农业探索,2019(03):72-76.

[21] 张奎伟,张鸿生,赵学方,等.山东省农村厕所及粪便处理背景调查和对策研究[J].卫生研究,1995(S3):51-54.

[22] 王立友.德州市农村地区环境卫生现状研究[D].济南:山东大学,2017.

[23] 吴斌.风景名胜区公共厕所设计与研究[D].南昌:南昌大学,2007.

[24] 周晓嘉.景区公厕设计初探[D].西安:西安建筑科技大学,2009.

[25] 李琦.杭州市西湖风景名胜区旅游厕所规划设计研究[D].杭州:浙江大学,2010.

[26] 黄秋霞.城市公共厕所及其景观设计研究:以昆明市为例[D].昆明:昆明理工大学,2011.

[27] 王艳敏.基于易用性理论的城市公共厕所设计研究[D].天津:河北工业大学,2007.

[28] 江璇.风景旅游区旅游厕所规划与设计研究[D].成都:西南交通大学,2017.

[29] 王伯城.城市公共厕所建筑设计研究[D].西安:西安建筑科技大学,2006.

[30] 唐先全.城市"舒适型"公共厕所设计与文化研究:从环境艺术角度看城市公共厕所设计[D].上海:东华大学,2009.

[31] 朱琼芬.景区公厕在景观设计中的地域文化研究[J].科教文汇(中旬刊),2013(3):133-134.

[32] 孟祥印.智能型免水冲环保厕所设计与研制[D].成都:西南交通大学,2005.

[33] 韩爽,由迪甲."水旱两用厕所"设计初探[J].黑龙江科技信息,2009(10):245.

[34] 赵军营.源分离农村卫生厕所冲水灌溉利用技术研究[D].泰安:山东农业大学,2014.

[35] 高素坤.农村厕所低成本改造技术与应用研究[D].泰安:山东农业大学,2017.

[36] 张建林,范培松.浅谈汉代的厕[J].文博,1987(4):53-58.

[37] 黄展岳.汉代的褒器[J].文物天地,1996(3):18-23.

[38] 伊永文.古代中国札记[M].北京:中国社会出版社,1999.

[39] 彭卫,杨振红.秦汉风俗[M].上海:上海文艺出版社,2018.

[40] 赵璐,闫爱民."如厕潜遁"与汉代溷厕[J].天津师范大学学报(社会科学版),2018(5):77-80.

[41] 闫爱民,赵璐."踞厕"视卫青与汉代贵族的"登溷"习惯[J].南开学报(哲学社会科学版),2019(6):139-147.

[42] 杨懋春.一个中国村庄:山东台头[M].张雄,沈炜,秦美珠,译.南京:江苏人民出版社,2012.

[43] 费孝通.江村经济[M].北京:商务印书馆,2001.

[44] 丹尼尔·哈里森·葛学溥.华南的乡村生活:广东凤凰村的家族主义社会学研究[M].周大鸣,译.北京:知识产权出版社,2012.

[45] 周星,周超."厕所革命"在中国的缘起、现状与言说[J].中原文化研究,2018,6(1):22-31.

[46] 周星.道在屎溺:当代中国的厕所革命[M].北京:商务印书馆,2019.

[47] 郭雪霜.白裤瑶厕所发展的历史与现状研究[D].南宁:广西民族大学,2010.

[48] 周连春.雪隐寻踪:厕所的历史 经济 风俗[M].合肥:安徽人民出版社,2005.

[49] 刘勤,杨陈.畜圈、厕所与民俗信仰:基于四川汉源的调查[J].民间文化论坛,2018(3):101-112.

[50] 邓启耀.厕所的空间转换与治理[J].广西民族大学学报(哲学社会科学版),2020,42(1):141-147.

[51] 葛利德.全方位城市设计:公共厕所[M].屈鸣,王文革,译.北京:机械工业出版社,2005.

[52] 坂本菜子.世界公共厕所集锦[M].赵丽,译.北京:科学出版社,2002.

[53] 朱莉·霍兰.厕神:厕所的文明史[M].许世鹏,译.上海:上海人民出版社,2006.

[54] 劳伦斯·赖特.清洁与高雅:浴室和水厕趣史[M].董爱国,黄建敏,译.北京:商务印书馆,2007.

[55] 妹尾河童.窥视厕所[M].北京:生活·读书·新知三联书店,2011.

[56] 金光彦.东亚的厕所[M].韩在均,金藏韩,译.南京:译林出版社,2008.

[57] 郑然鹤.厕所与民俗[J].民间文化论坛,1997(1):61-66.

[58] 何御舟.北京农村地区卫生厕所现状及影响因素分析[D].北京:中国疾病预防控制中心,2016.

[59] 潘建.宁德市农村厕所改造的经济分析[J].福建建设科技,2017(5):83-85.

[60] 杨洋.提高农民生活质量 加快美丽农村建设:吉林省大力推进乡村厕所改造工作[J].北方建筑,2016,1(1):21-26.

[61] 王妮.吉林省2008—2011年农村改厕现状及效果评价[D].长春:吉林大学,2013.

[62] 姜胜辉.消解与重构:农村"厕所革命"的体制性障碍与制度化策略——一个治理的分析视角[J].中共宁波市委党校学报,2019,41(6):119-127.

[63] 潘振宇.乡村振兴背景下农村厕所革命的制约因素及对策研究:基于扎根理论分析[J].科技经济导刊,2019(24):87-88.

附录

附录 1 鄂东地区村落厕所设计方案一

施工图设计说明（一）

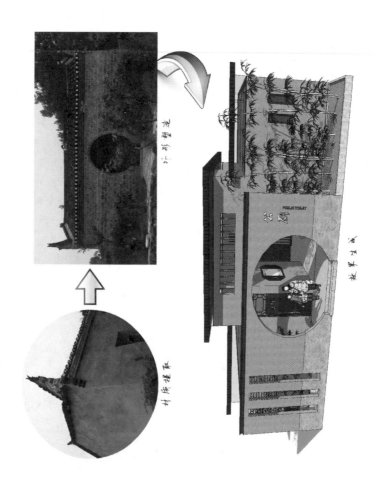

外形塑造

计房选取

效果立面

厕所主要材质来源于鄂东地区随处可见的黄色土。用于建筑的土壤可生土和芥土。自然状态下的称为生土，经过加工处理的称为芥土。芥土密度大于生土。

外形设计时增加了时尚的设计元素，如圆拱门、木条装饰、不锈钢条等。

施工图设计说明（二）

采光结构

隐蔽性结构

空气流通结构

（1）屋顶的彩钢板是深灰色的，玻璃墙为半透明的。
（2）休息等候区设有木条隔断。
（3）厕所周围种植了大量翠竹。

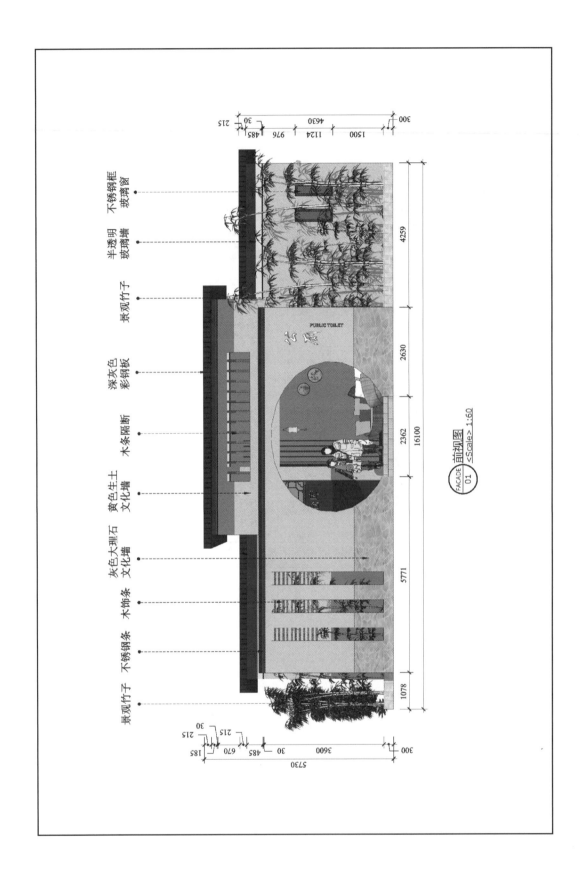

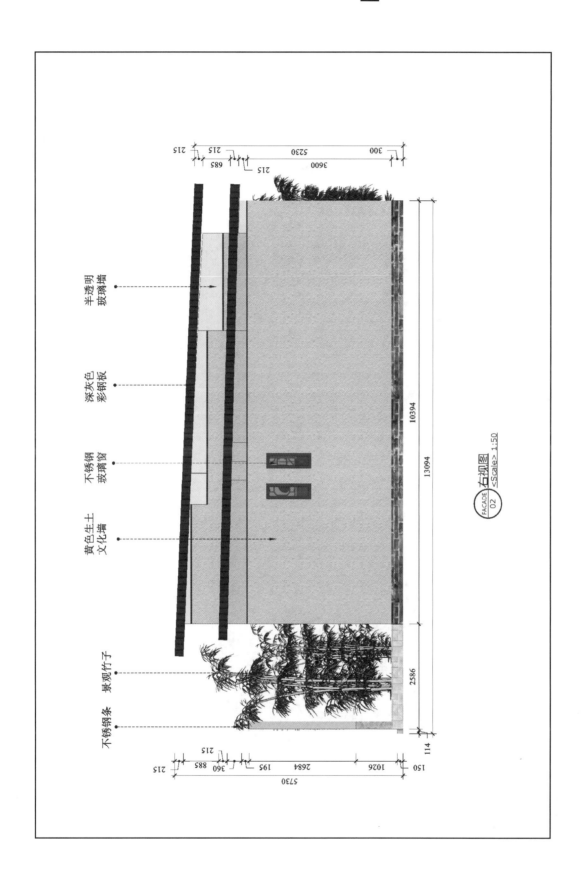

半透明
玻璃墙

深灰色
彩钢板

不锈钢
玻璃窗

黄色生土
文化墙

景观竹子

不锈钢条

FACADE
02 <Scale> 1:50 右视图

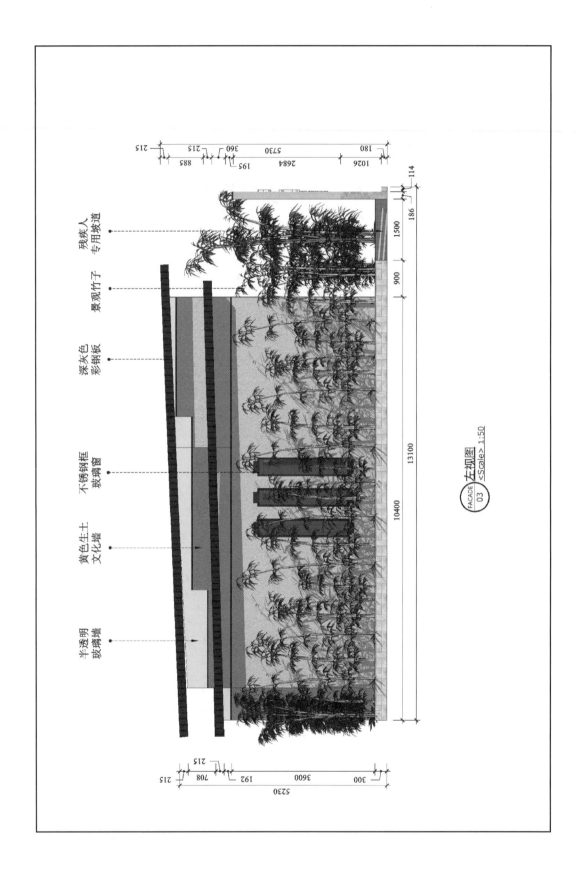

半透明
玻璃隔墙

黄色生土
文化墙

不锈钢框
玻璃窗

深灰色
彩钢板

景观竹子

残疾人
专用坡道

FACADE 左视图
03 <Scale> 1:50

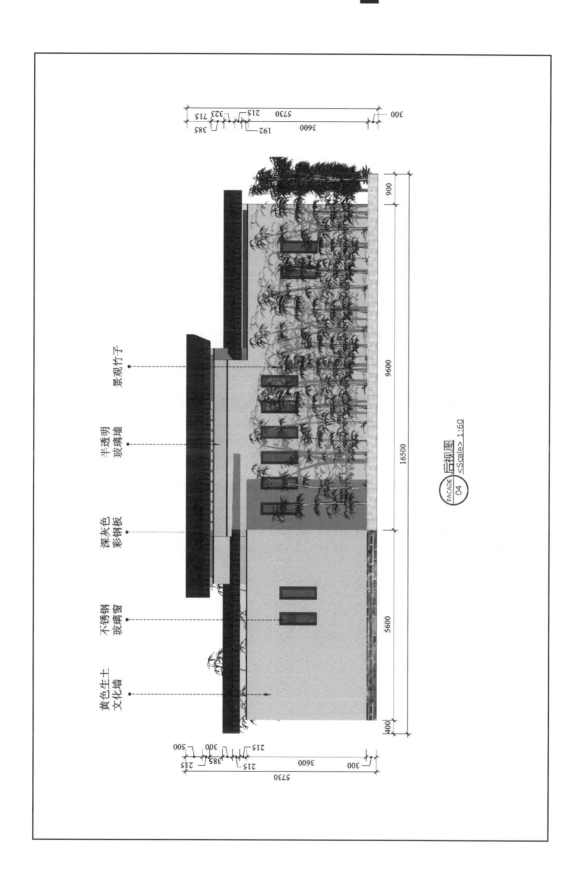

景观竹子

半透明
玻璃墙

深灰色
彩钢板

不锈钢
玻璃窗

黄色生土
文化墙

FACADE 04 后视图
<Scale> 1:60

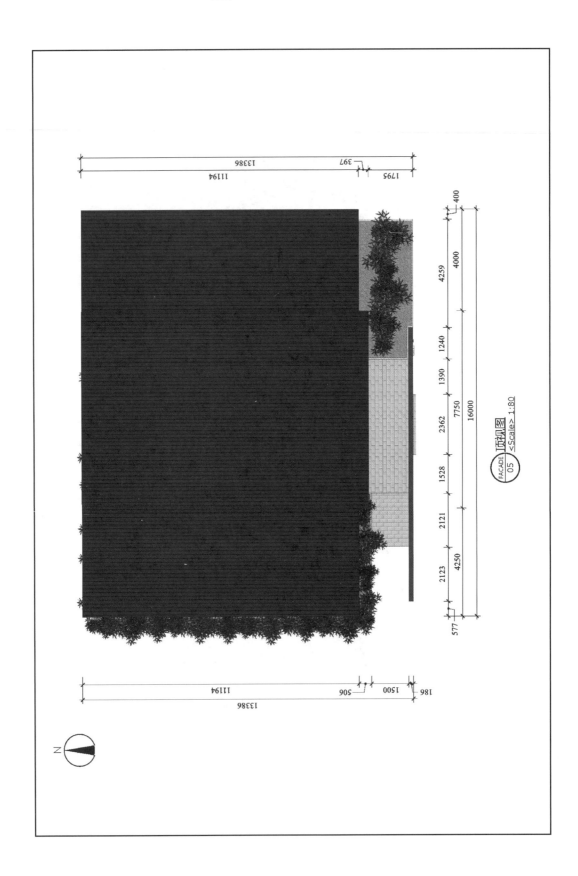

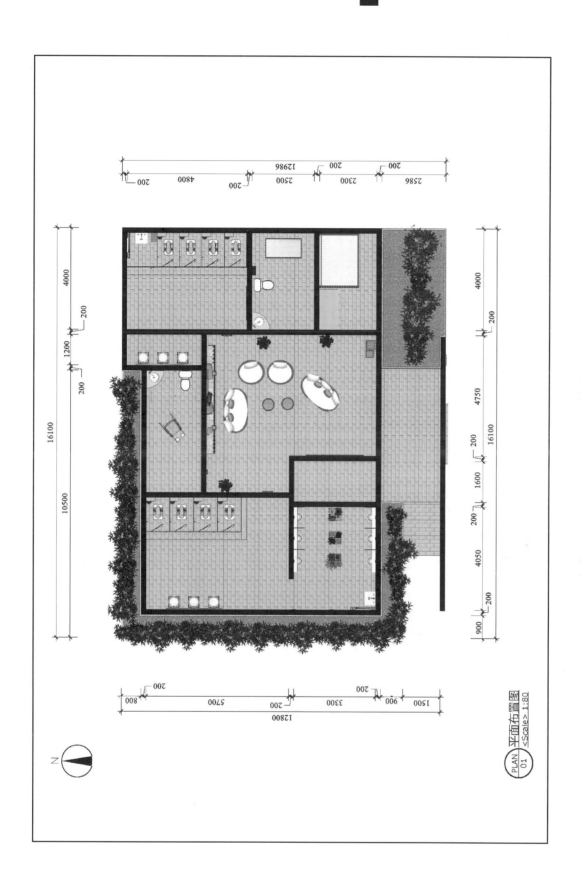

PLAN
01 平面布置图 <Scale> 1:80

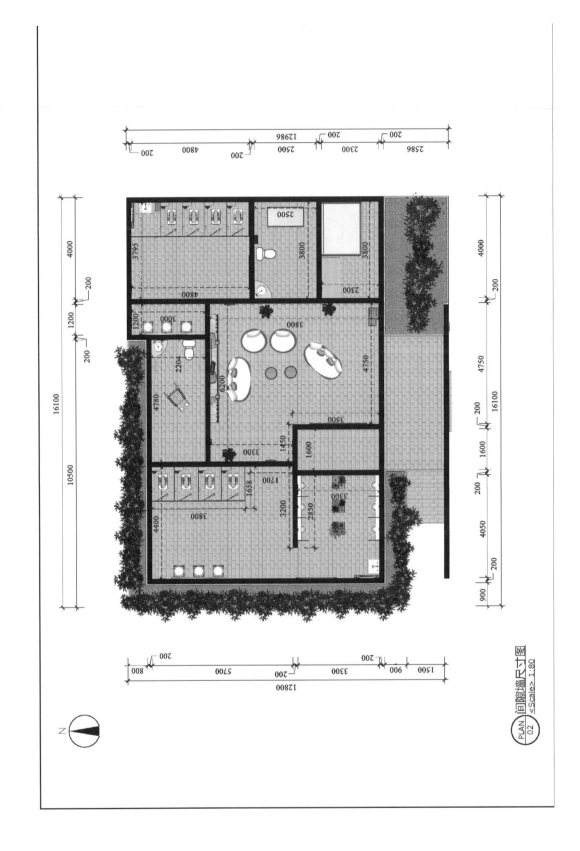

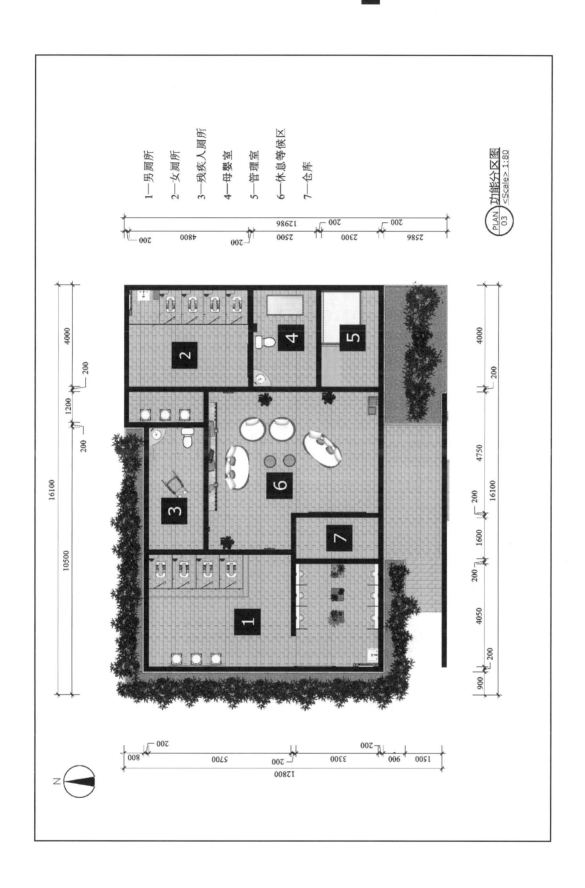

1——男厕所
2——女厕所
3——残疾人厕所
4——母婴室
5——管理室
6——休息等候区
7——仓库

PLAN 03 功能分区图 <Scale> 1:80

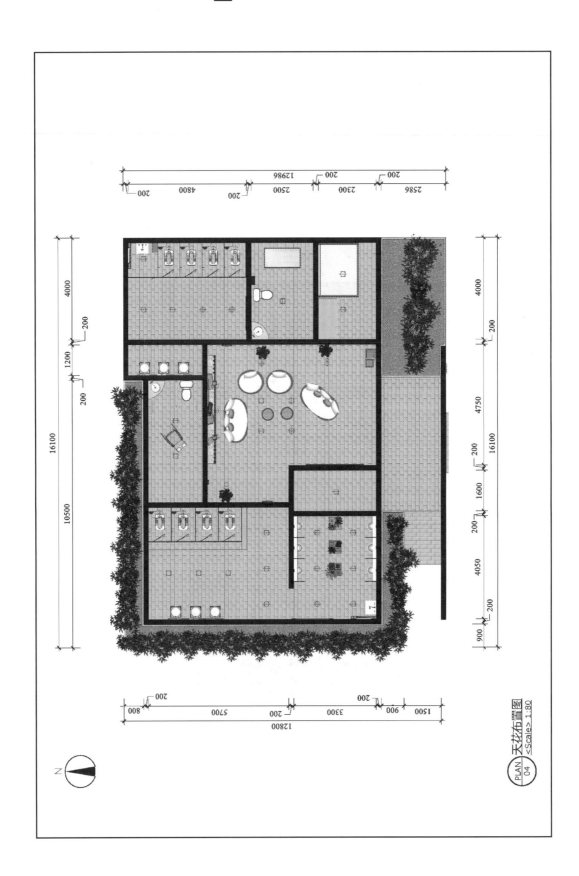

PLAN 天花布置图
04 <Scale> 1:80

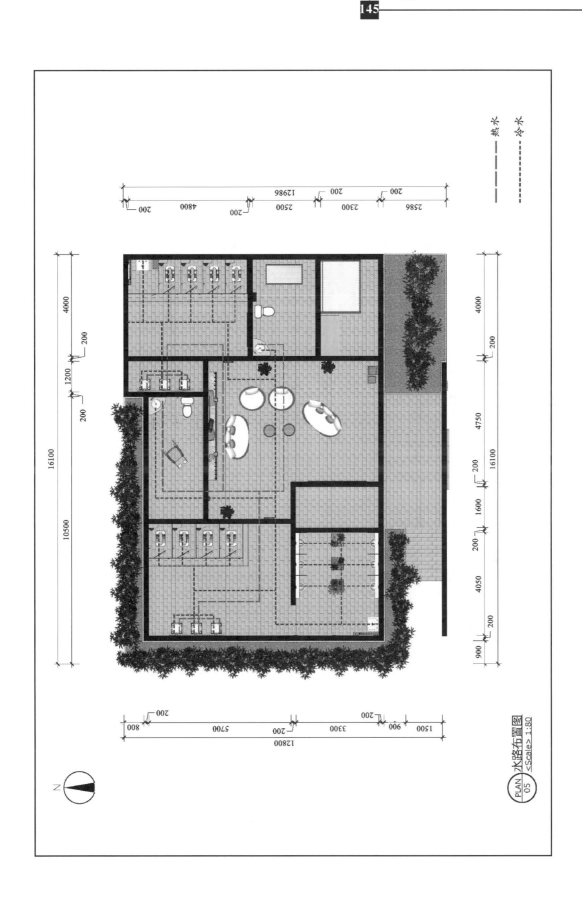

PLAN 水路布置图
05 <Scale> 1:80

热水

冷水

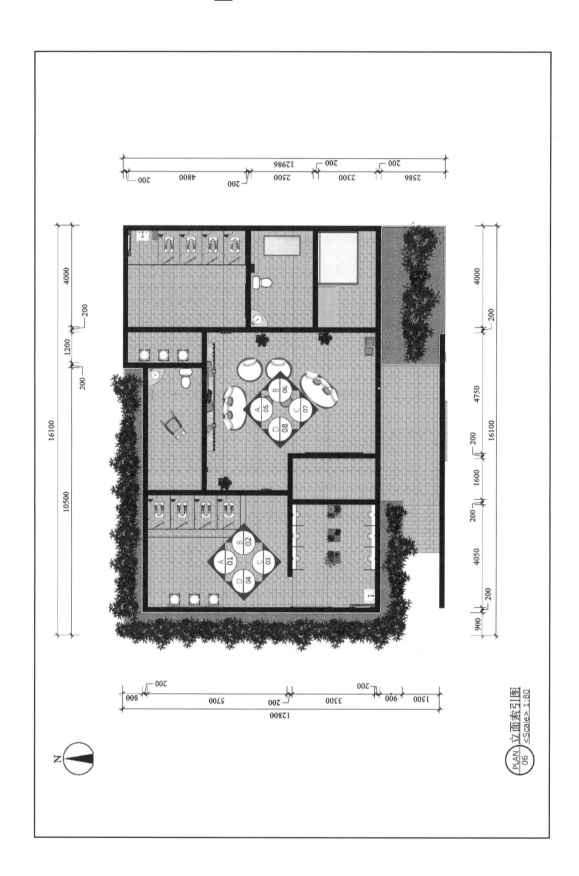

PLAN 立面索引图
06 <Scale> 1:80

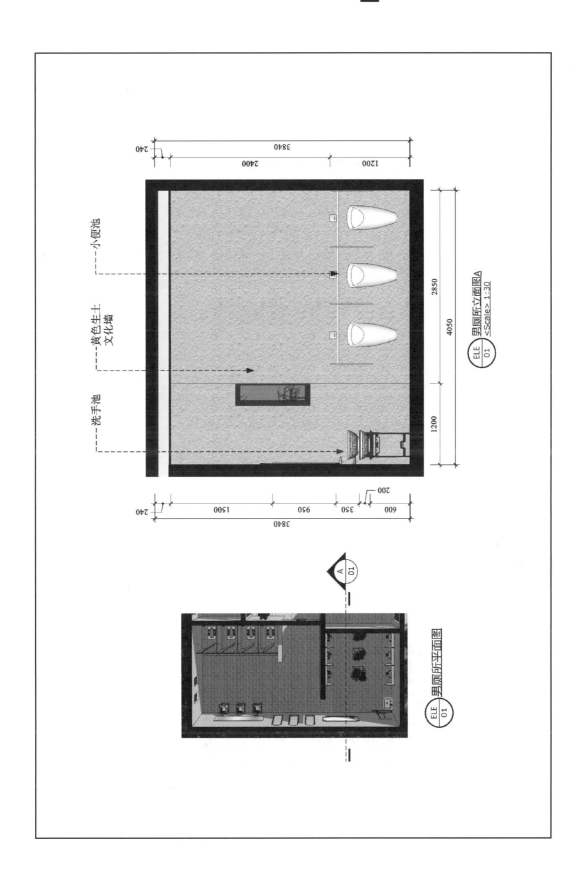

男厕所立面图A
ELE 01 <Scale> 1:30

男厕所平面图
ELE 01

小便池
黄色生土文化墙
洗手池

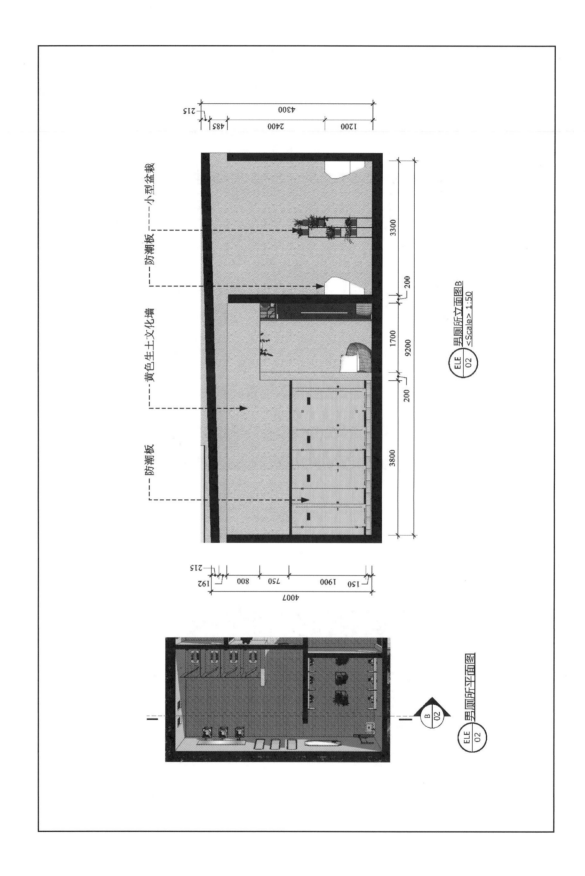

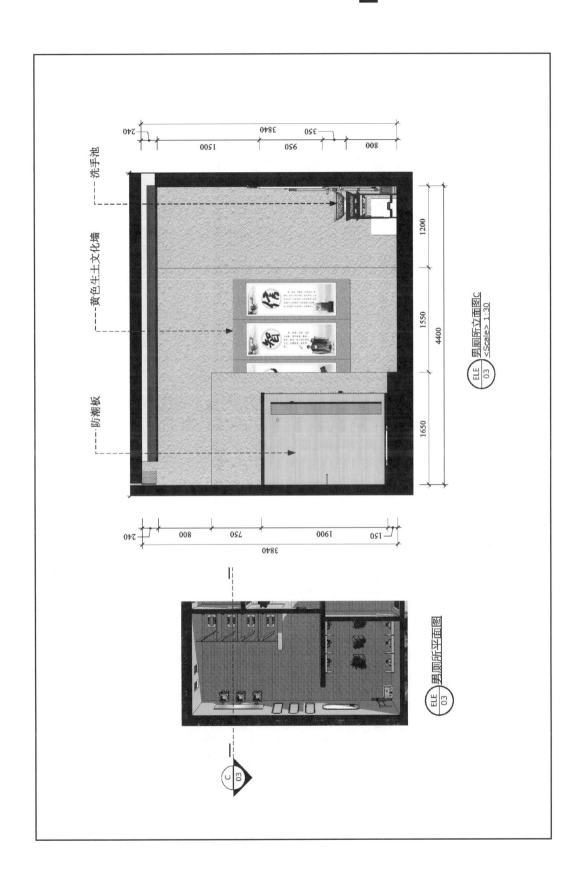

男厕所立面图C <Scale> 1:30

男厕所平面图

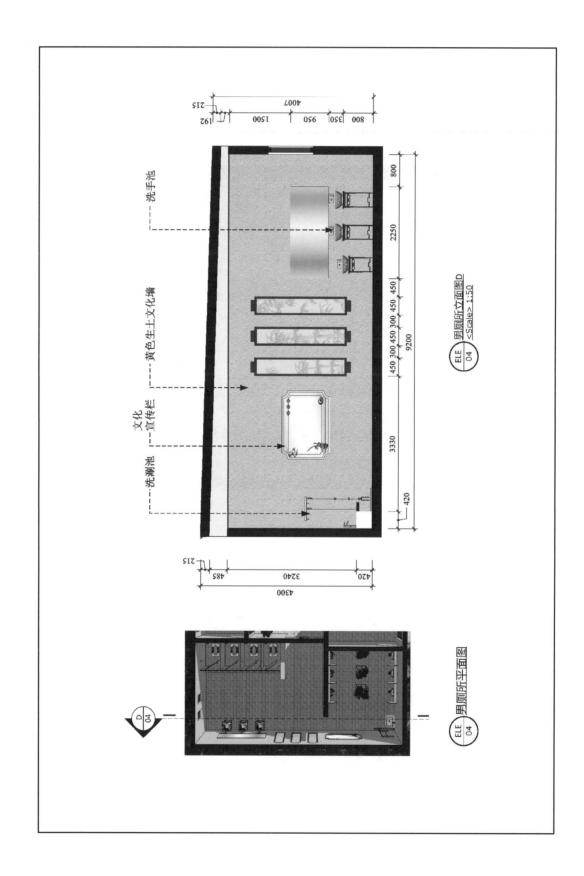

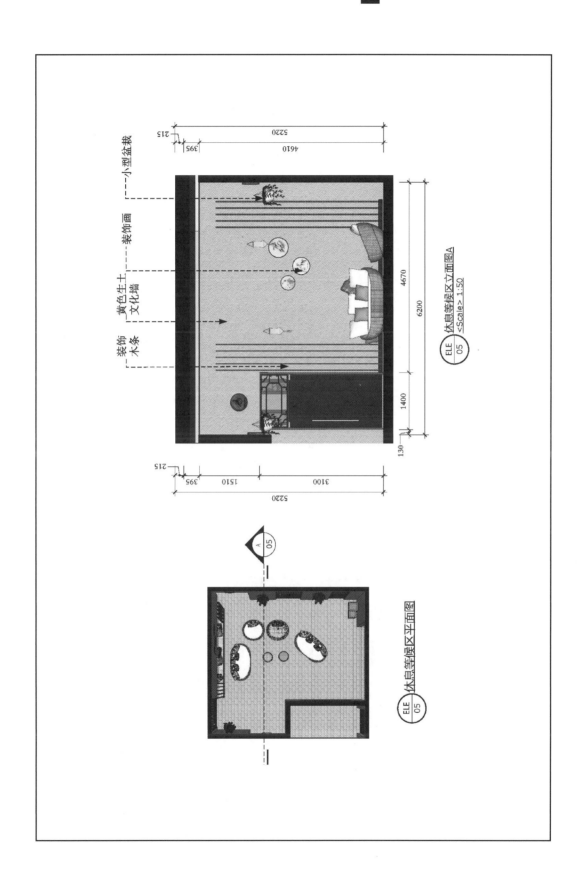

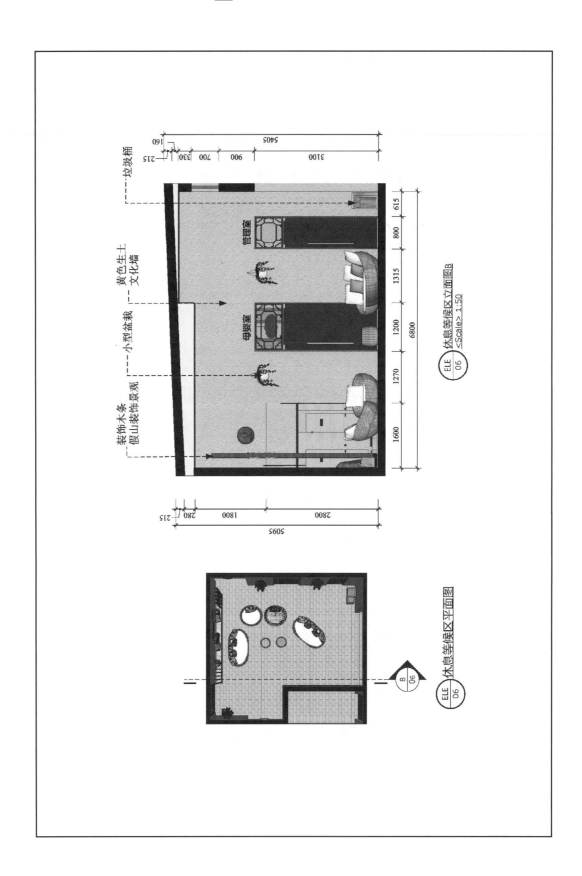

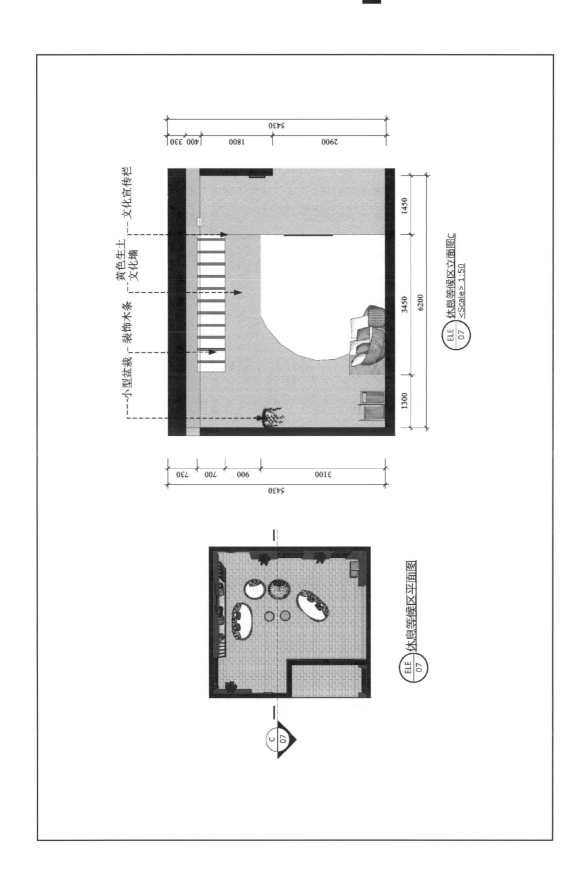

休息等候区立面图C <Scale> 1:50
ELE 07

休息等候区平面图
ELE 07

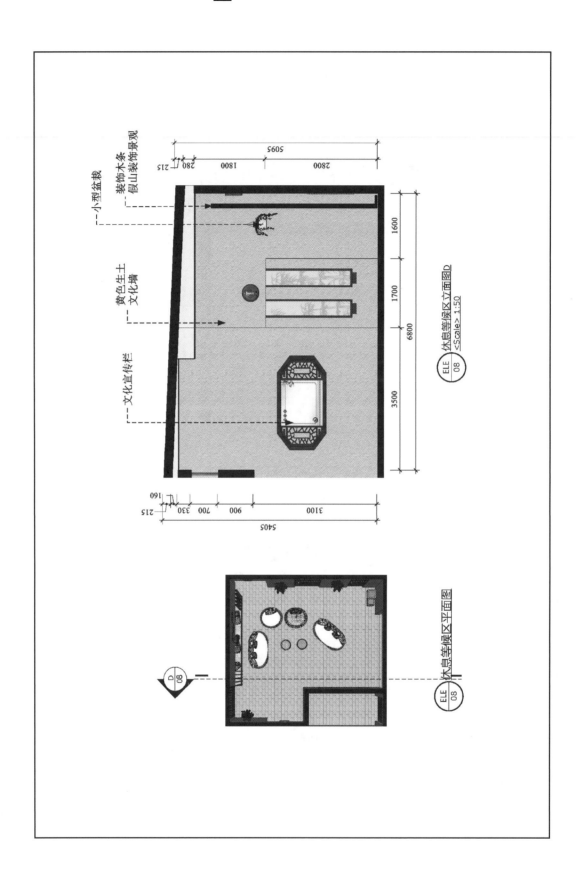

休息等候区立面图D
ELE 08 <Scale> 1:50

休息等候区平面图
ELE 08

D 08

小型盆栽
装饰木条
假山装饰景观
黄色生土文化墙
文化宣传栏

5095
2800
1800
280 215

1600
1700
6800
3500

5405
3100
900
700
330 215
160

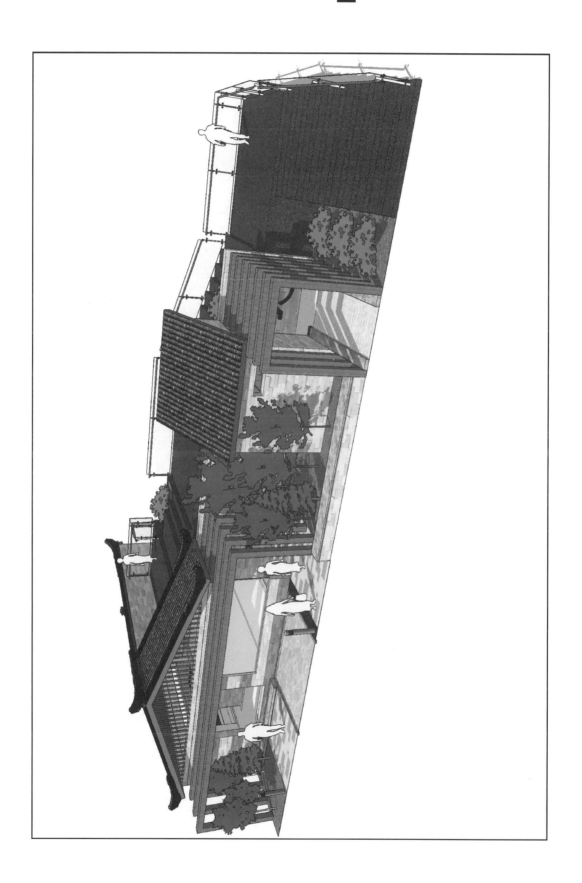

附录 2　鄂东地区村落厕所设计方案二

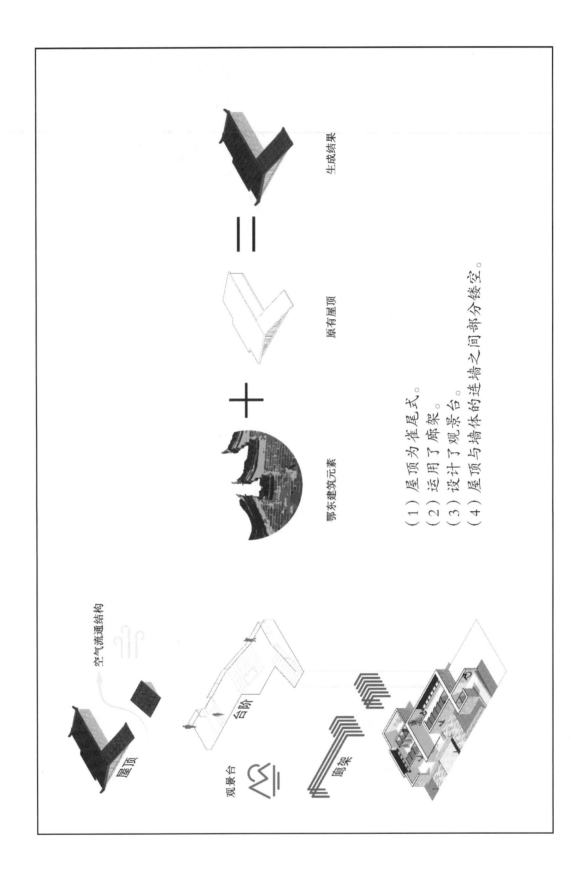

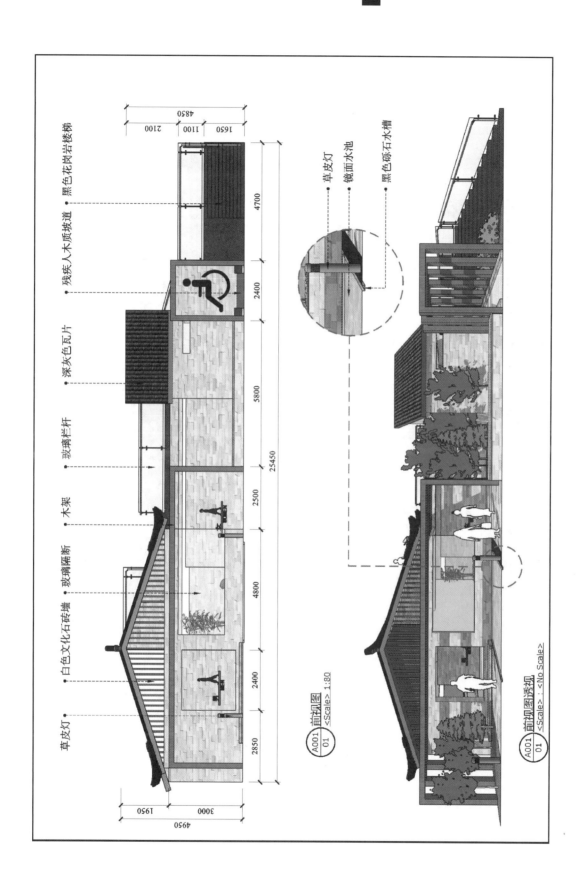

草皮灯
黑色花岗岩楼梯

白色文化石砖墙
残疾人木质坡道

玻璃隔断
深灰色瓦片

木架
玻璃栏杆

草皮灯
镜面水池
黑色砾石水槽

4850
2100
1100
1650

4700
2400
5800
2500
4800
2400
2850

25450

4950
3000
1950

A001 前视图
01 <Scale> : 1:80

A001 前视图透视
01 <Scale> : <No Scale>

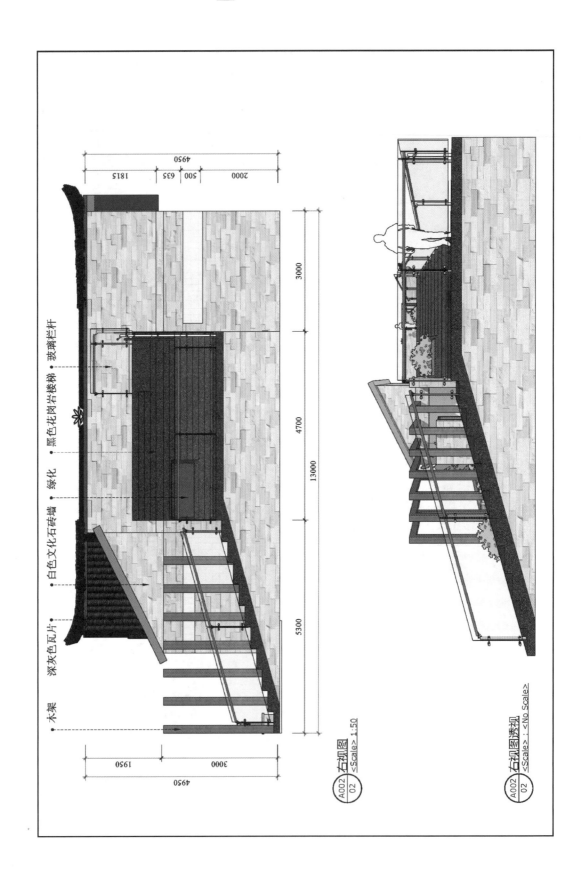

玻璃栏杆

黑色花岗岩楼梯

绿化

白色文化石砖墙

深灰色瓦片

木架

右视图
<Scale> : 1:50

A002
02

右视图透视
<Scale> : <No Scale>

A002
02

4950
2000 500 635 1815

3000
4700
13000
5300

3000 1950
4950

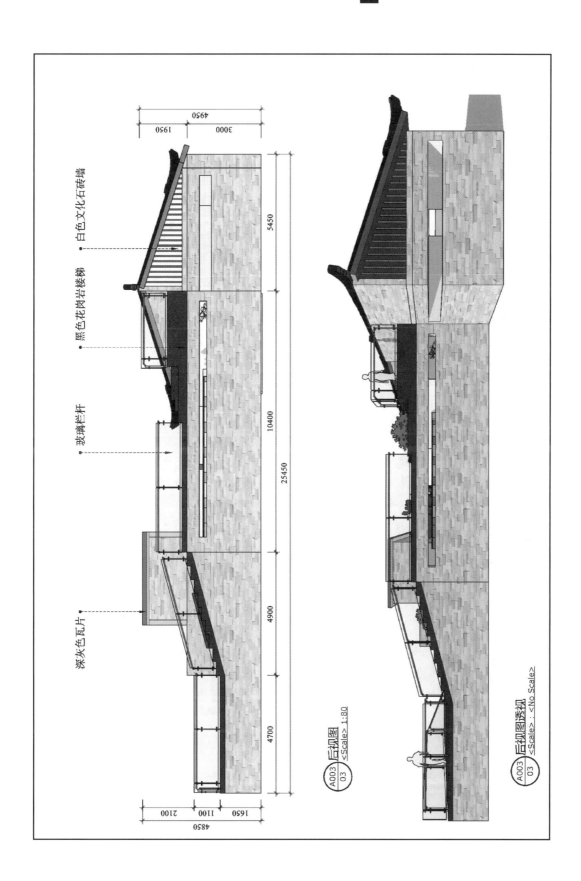

白色文化石砖墙

黑色花岗岩楼梯

玻璃栏杆

深灰色瓦片

4950
3000   1950

5450

10400

25450

4900

4700

4850
1650 1100 2100

A003 03 后视图
〈Scale〉: 1:80

A003 03 后视图透视
〈Scale〉: 〈No Scale〉

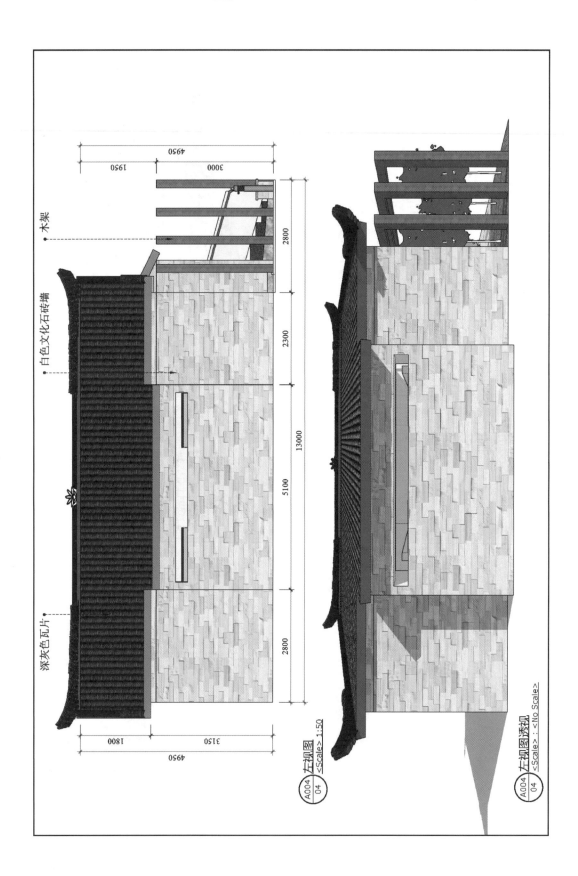

木架

白色文化石砖墙

深灰色瓦片

4950
1950
3000

2800

2300

13000

5100

2800

3150
1800
4950

A004
04
左视图
<Scale> : 1:50

A004
04
左视图透视
<Scale> : <No Scale>

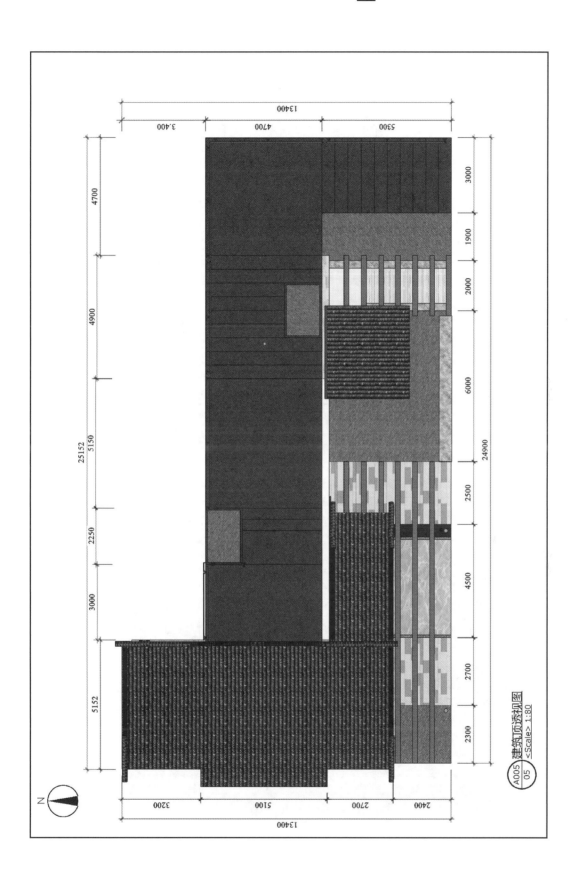

建筑顶视轴测图
A005
05   <Scale> 1:80

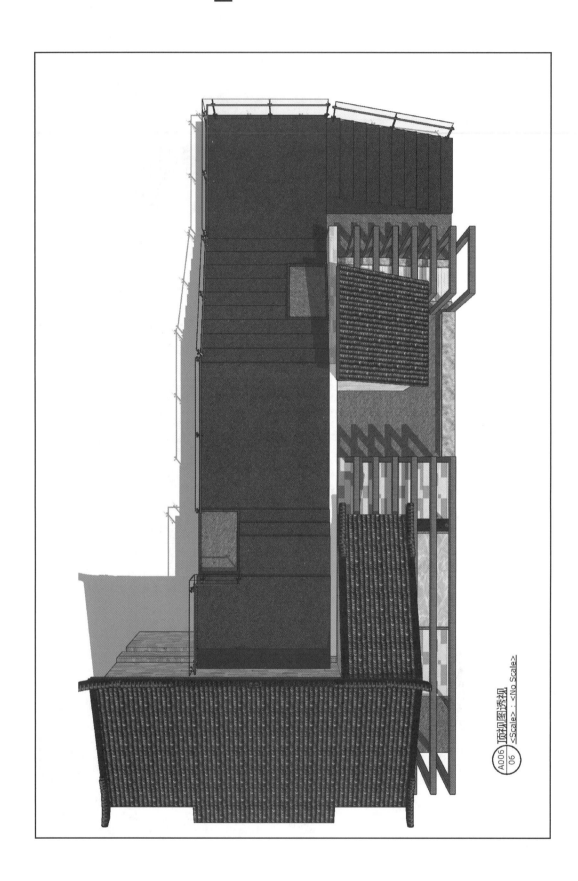

湖北山地型传统村落厕所建设及相关民俗文化研究

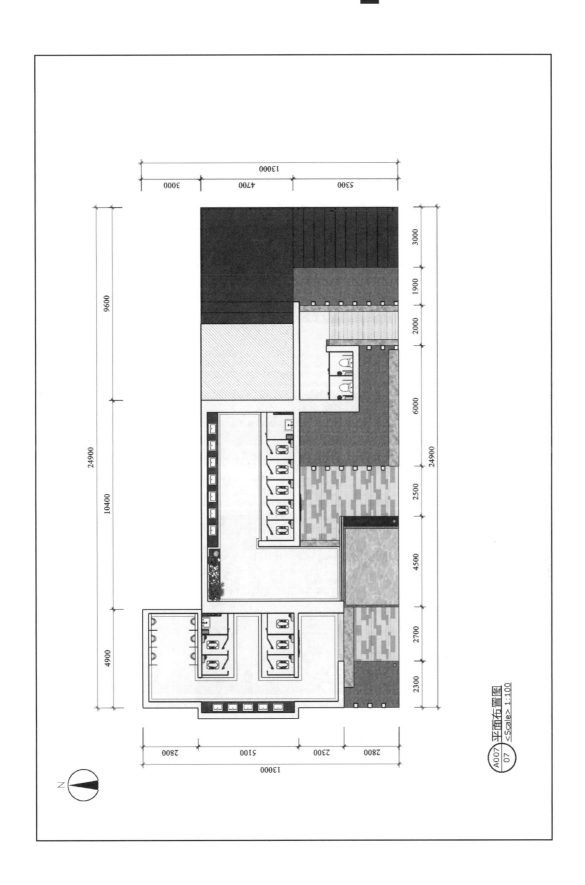

A007 平面布置图
07 <Scale> 1:100

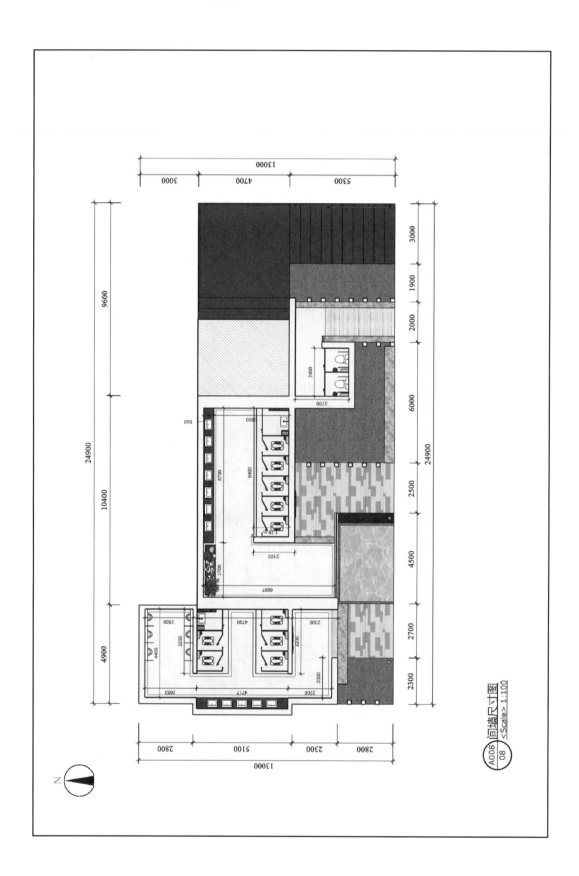

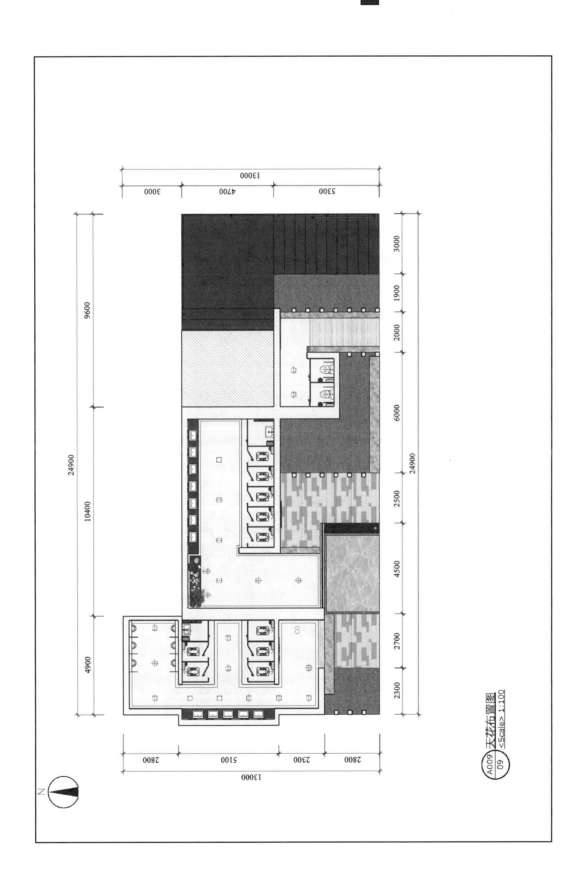

天花布置图
<Scale> 1:100
A009
09

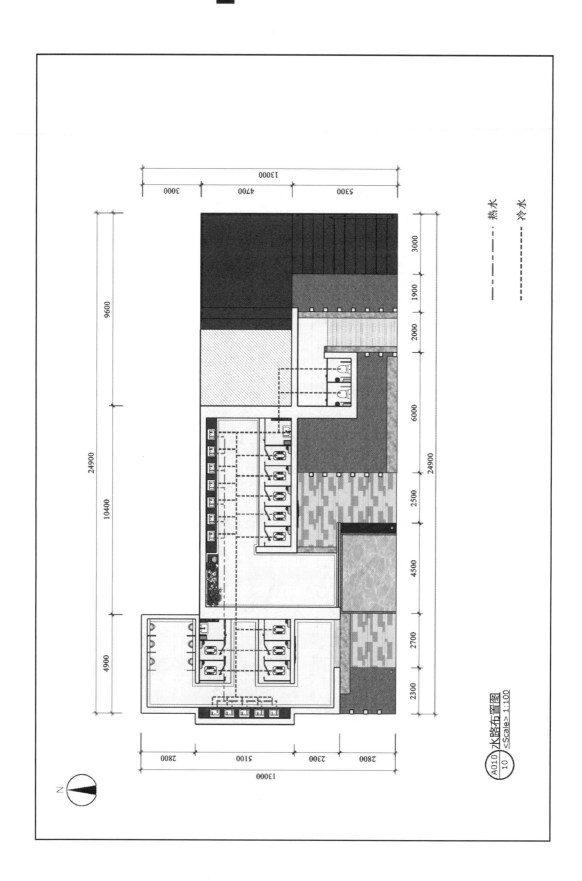

水路布置图
A010
10 <Scale> 1:100

热水
冷水

1——男厕所

2——女厕所

3——无障碍厕所

A011 分区图

11 <Scale>·<No Scale>

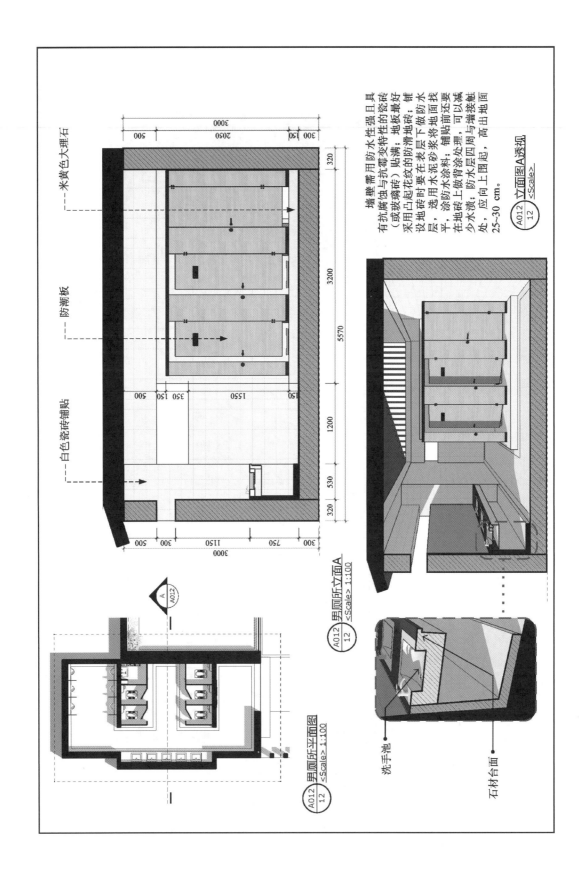

墙壁需用防水性强且具
有抗腐蚀与抗霉变特性的瓷砖
（或玻璃砖）贴满；地板最好
采用凹凸起花纹的防滑地砖；铺
设地砖时要在表层下做防水
层，选用水泥砂浆将地面找
平，涂防水涂料；铺贴前还要
在地砖上做背涂处理，可以减
少水渍；防水层四周起围起，高出地面
处，应向上围起，高出地面
25-30 cm。

立面图A透视
A012
12 <Scale>

米黄色大理石

防潮板

白色瓷砖铺贴

男厕所立面A
A012
12 <Scale> 1:100

洗手池

石材台面

男厕所平面图
A012
12 <Scale> 1:100

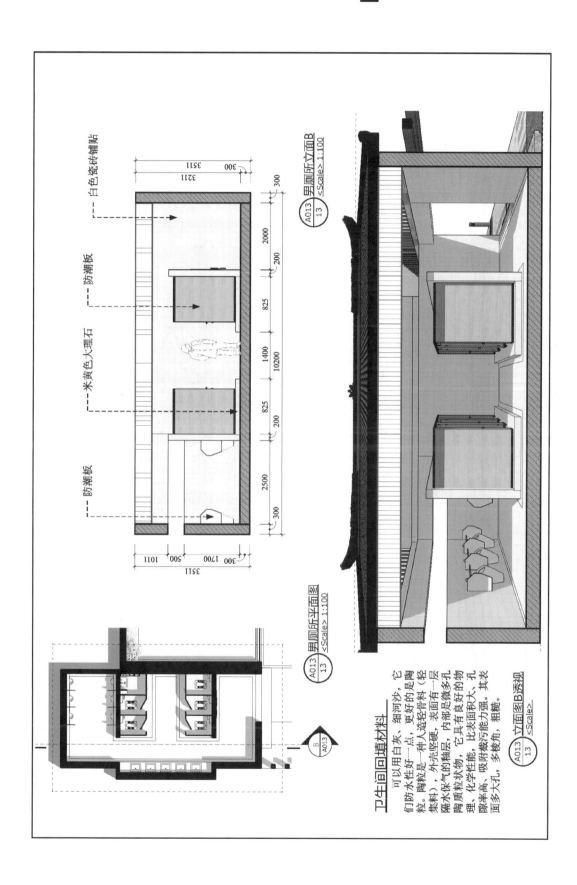

男厕所立面B
A013 <Scale> 1:100
13

男厕所平面图
A013 <Scale> 1:100
13

B
A013

立面图B透视
A013 <Scale>
13

白色瓷砖铺贴

防潮板

米黄色大理石

防潮板

卫生间回填材料

可以用白水、细河沙，它
们防水性好一点，更好的是陶
粒。陶粒是一种人造骨料（轻
集料），外壳气的釉层，内部是微孔多孔
隔水保气的釉层，它具有良好的物
陶质粒状物，比表面积大，孔
理、化学性能，吸附截污能力强。其表
隙率高，多大孔，多棱角，粗糙。
面多大孔，多棱角，粗糙。

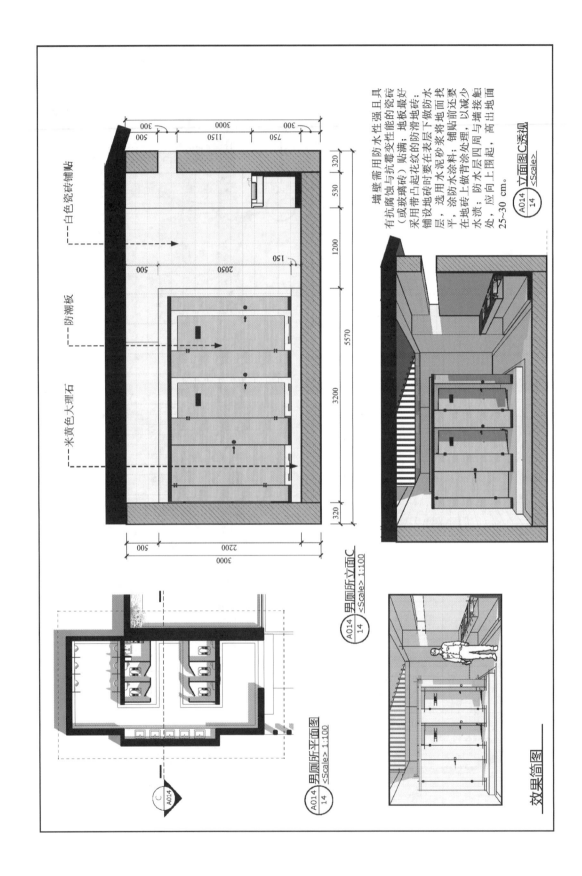

墙壁需用防水性强且具
有抗腐蚀与抗霉变性能的瓷砖
（或用玻璃砖）贴满；地板最好
采用带凸起花纹防滑地砖；
铺设地砖时要在表层下做防水
层，选用水泥砂浆将地面找
平，涂防水涂料；铺贴前还要
在地砖上做背涂处理，以减少
水渍；防水层四周上墙接触地面
处，应向上围起，高出地面
25~30 cm。

A014 **立面图C透视**
14 <Scale>

白色瓷砖铺贴

防潮板

米黄色大理石

男厕所立面C
A014
14 <Scale> 1:100

男厕所平面图
A014
14 <Scale> 1:100

效果简图

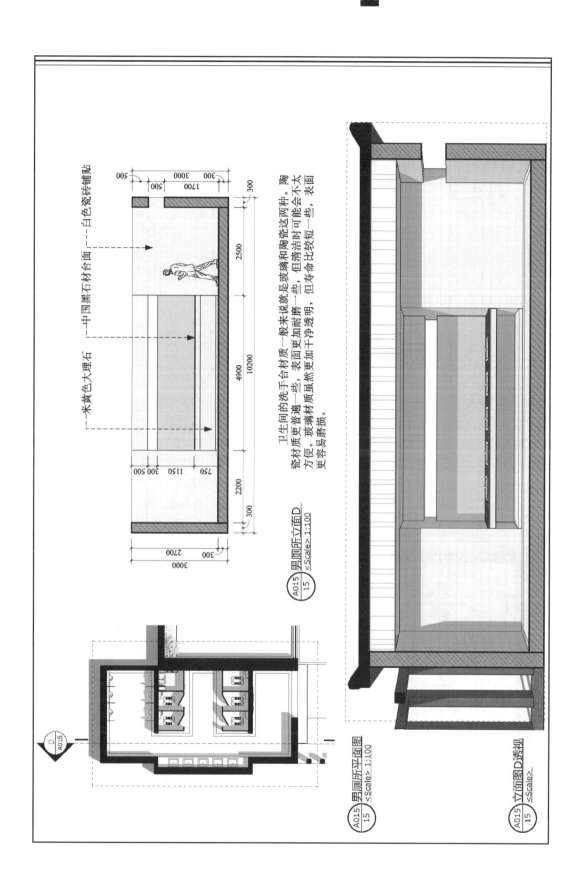

卫生间的洗手台材质一般来说就是玻璃和陶瓷这两种。陶瓷材质更普通一些，表面更加耐磨一些，但清洁时可能会不太方便。玻璃材质虽然更加干净透明，但寿命比较短一些，表面更容易磨损。

白色瓷砖铺贴

中国黑黑石材台面

米黄色大理石

男厕所立面D <Scale> 1:1:00

男厕所平面图 <Scale> 1:1:00

立面图D透视 <Scale>

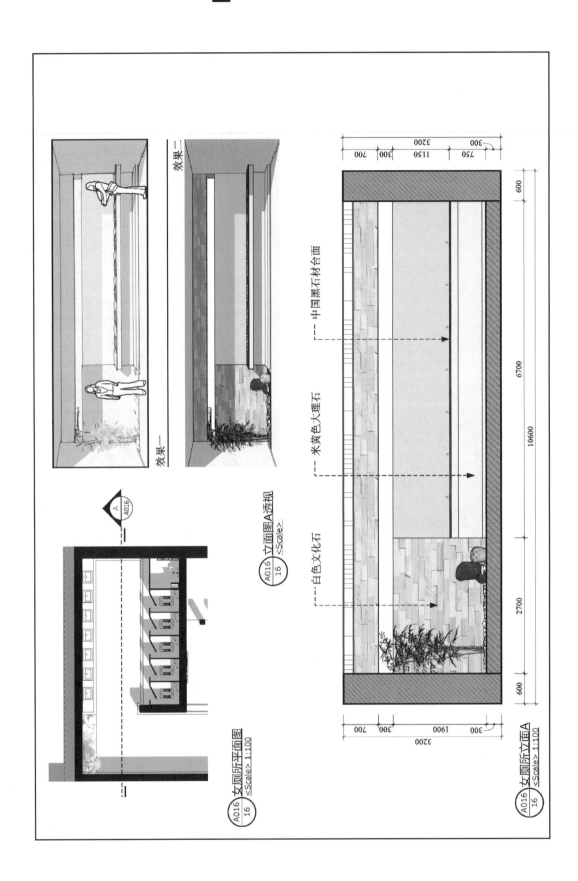

效果一

效果二

A016 立面图A透视
16 <Scale>

A016 女厕所平面图
16 <Scale> 1:100

中国黑石材台面

米黄色大理石

白色文化石

A016 女厕所立面A
16 <Scale> 1:100

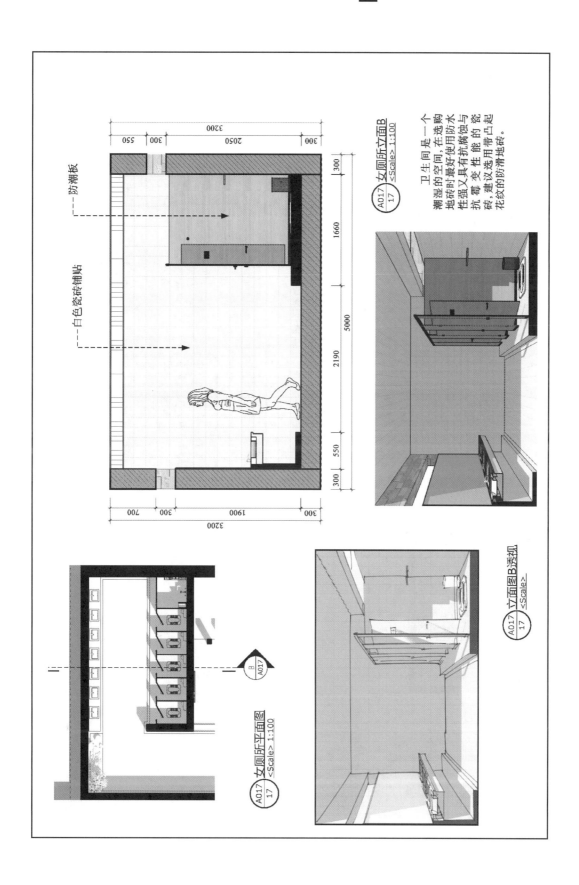

卫生间是一个潮湿的空间，在选购地砖时最好使用防水性又具有抗腐蚀与变性能的瓷砖，建议选用带凹起抗霉的花纹的防滑地砖。

女厕所立面B
A017 17 <Scale> 1:100

立面图B透视
A017 17 <Scale>

防潮板

白色瓷砖铺贴

女厕所平面图
A017 17 <Scale> 1:100

B
A017

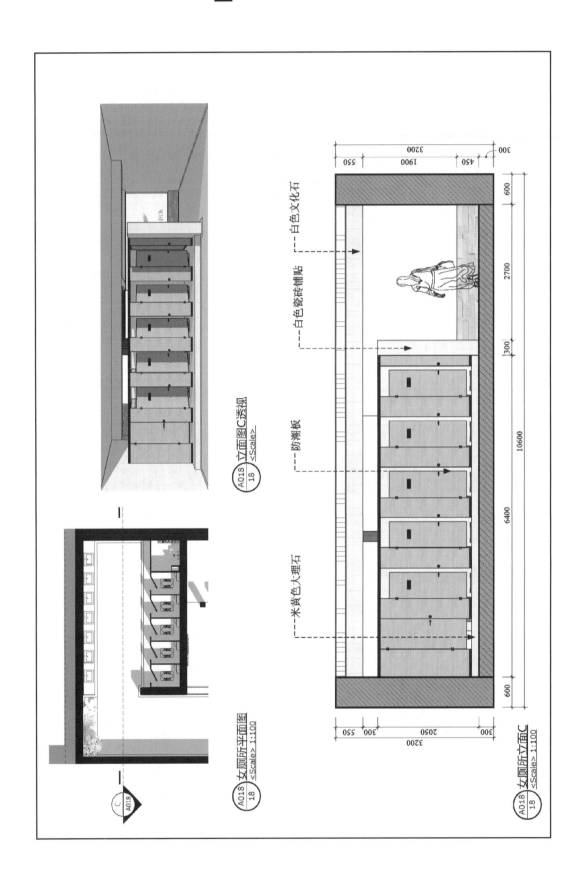

白色文化石

白色瓷砖铺贴

防潮板

米黄色大理石

A018 立面图C透视
18 <Scale>

A018 女厕所平面图
18 <Scale> 1:100

A018 女厕所立面C
18 <Scale> 1:100

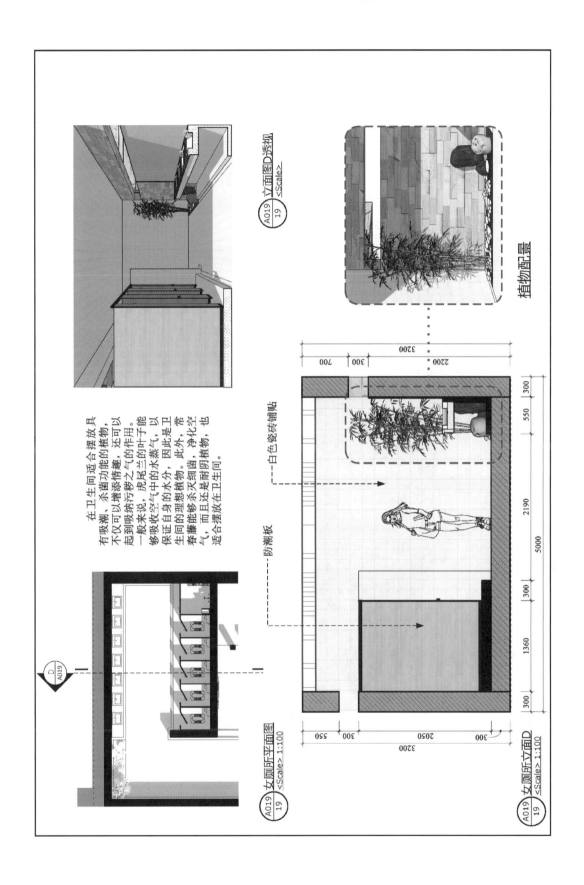

在卫生间适合摆放具有吸潮、杀菌功能的植物，不仅可以增添情趣，还可以起到吸纳污秽之气的作用。一般来说，虎尾兰的叶子能够吸收空气中的水蒸气，以保证自身的水分，因此是卫生间的理想植物。此外，常春藤能够杀灭细菌，净化空气，而且还是耐阴植物，也适合摆放在卫生间。

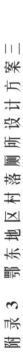

附录 3　鄂东地区村落厕所设计方案三

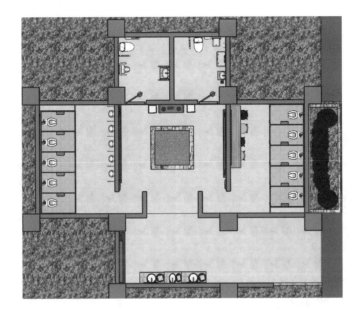

设计说明（一）

厕所面积约为120 m²，从二维角度观察，我们发现厕所由中国回形纹的变形形态构成。此外，该厕所功能区分布与中国古建筑的住宅分布不重合，前厅—天井—堂屋，两侧为左厢房、右厢房，对应的是前厅（洗手台）—中庭—残疾人厕所加母婴室，两侧分别为男厕所与女厕所。从俯视角度观察，整个建筑主体呈对称形态。从三维角度观察，建筑侧重体现其功能性。

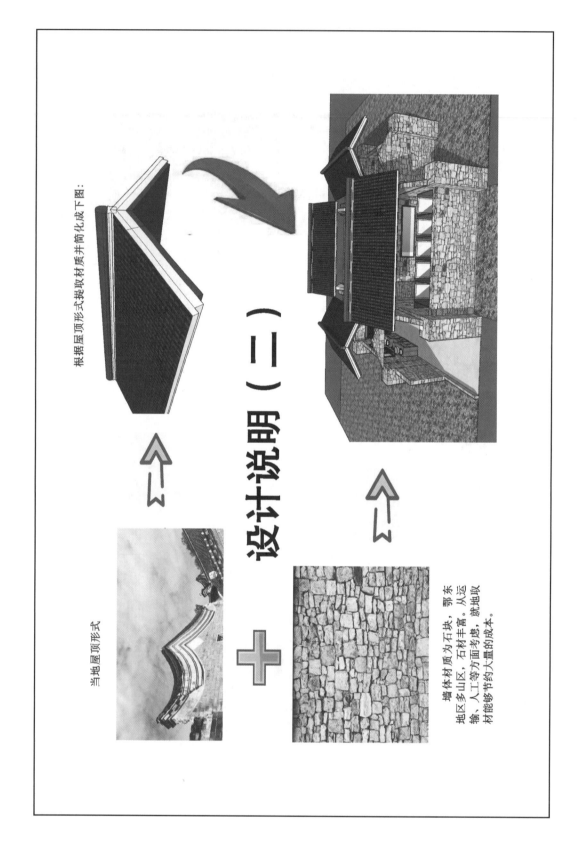

设计说明（二）

根据屋顶形式提取材质并简化成下图：

当地屋顶形式

墙体材质为石块，鄂东地区多山区，石材丰富。从运输、人工等方面考虑，就地取材能够节约大量的成本。

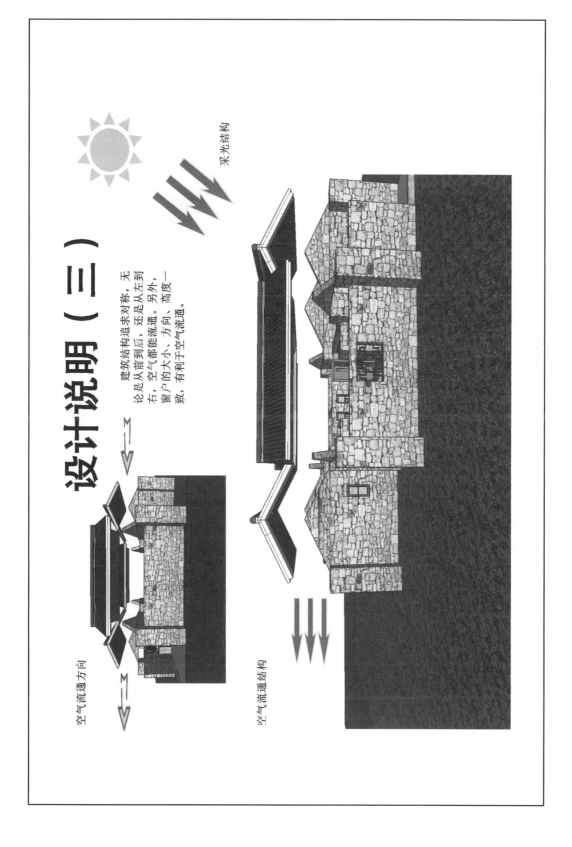

设计说明（三）

建筑结构追求对称，无论是从前到后，还是从左到右，空气都能流通。另外，窗户的大小、方向、高度一致，有利于空气流通。

采光结构

空气流通方向

空气流通结构

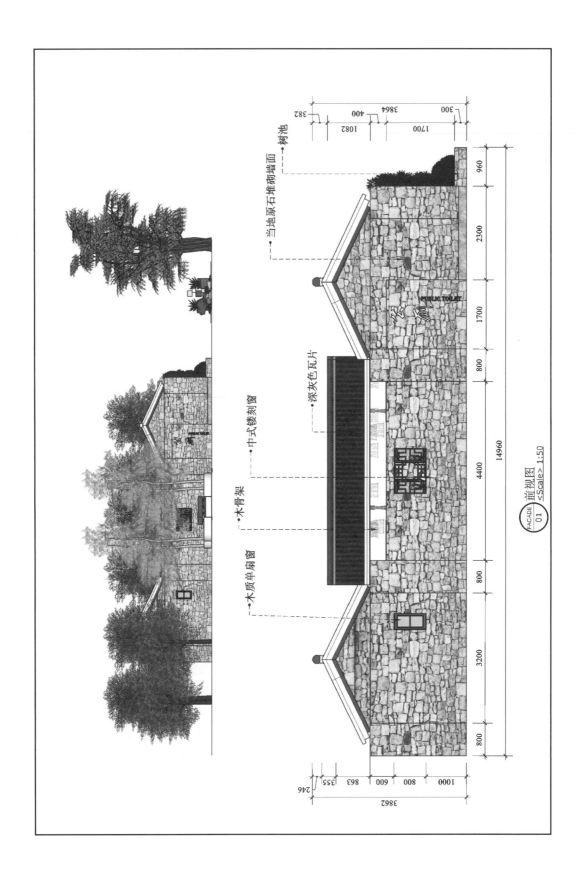

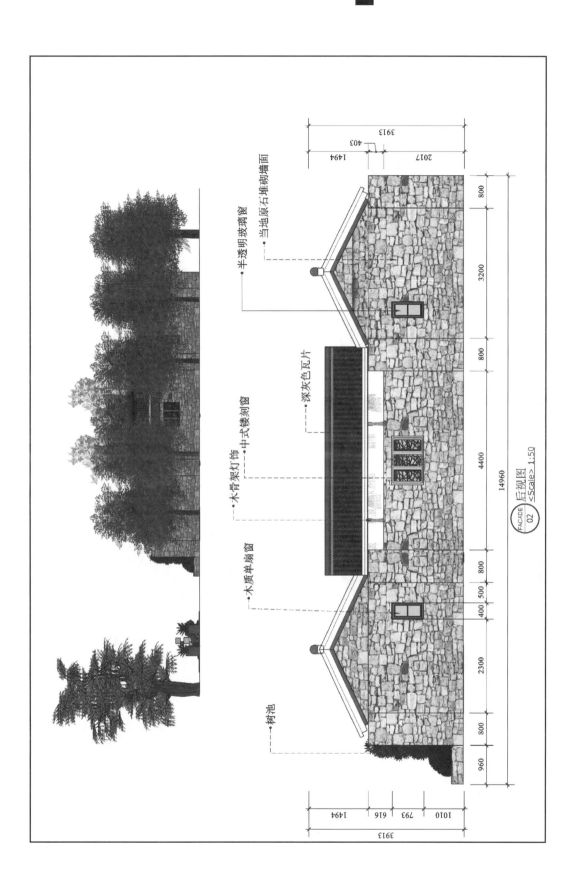

半透明玻璃窗

当地原石堆砌墙面

木骨架灯饰

中式镂刻窗

深灰色瓦片

木质单扇窗

树池

后视图
FACADE 02 <Scale> 1:50

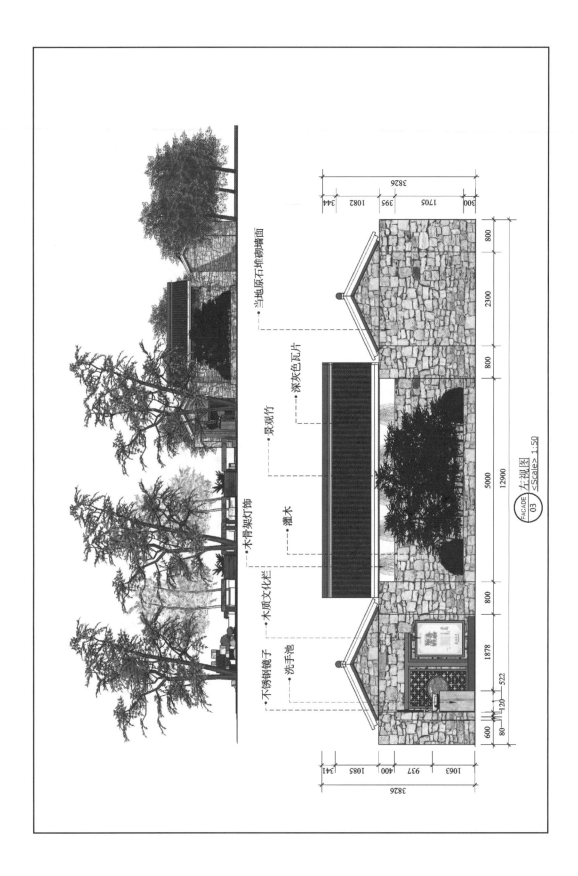

当地原石堆砌墙面

深灰色瓦片

景观竹

灌木

木骨架灯饰

木质文化栏

不锈钢镜子

洗手池

FACADE 03 左视图 <Scale> 1:50

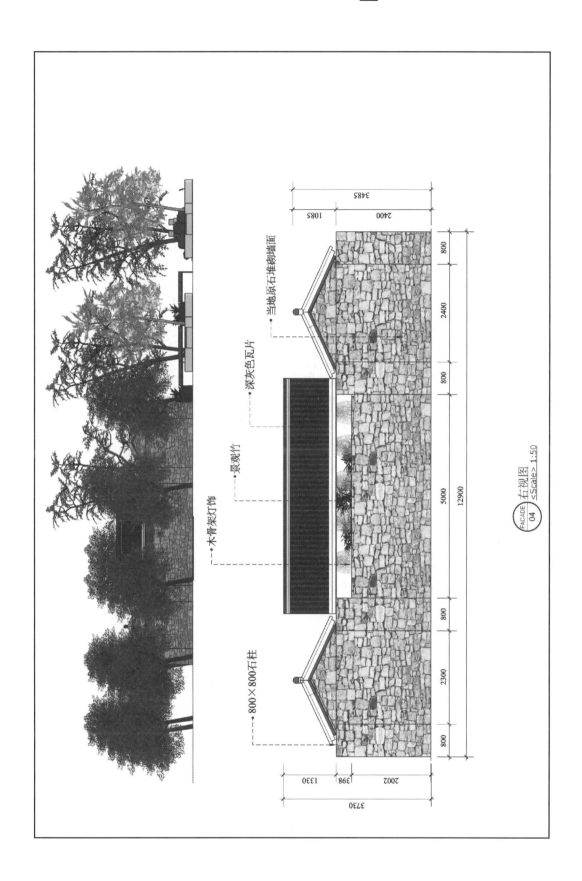

当地原石堆砌墙面

深灰色瓦片

景观竹

木骨架灯饰

800×800石柱

3485

1085

2400

800

2400

800

5000

12900

800

2300

800

3730

2002

398

1330

FACADE
04
右视图
<Scale> 1:50

顶落视图

FACADE 05 <Scale> 1:150

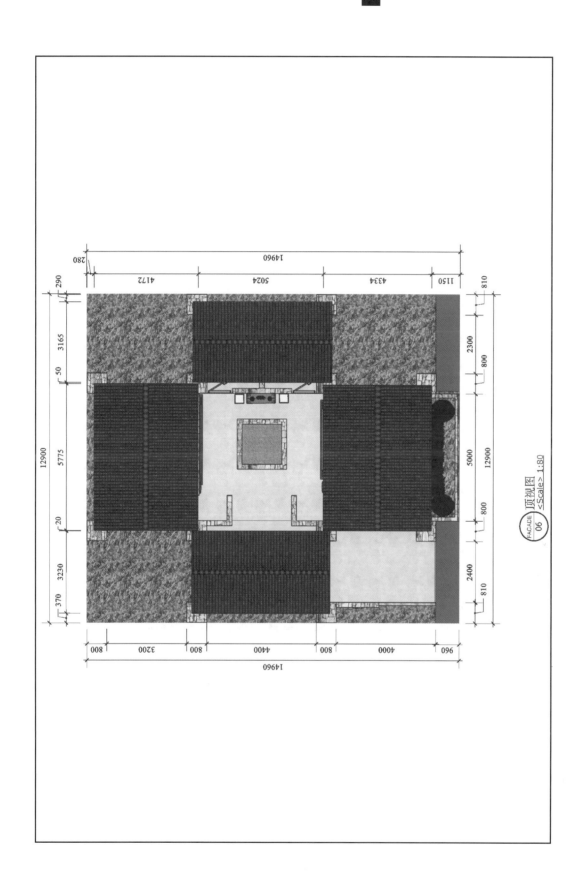

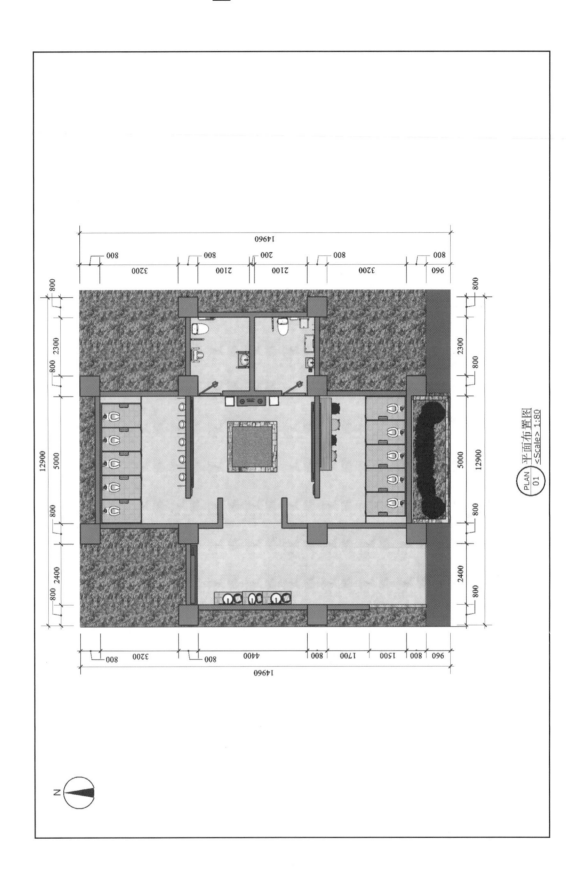

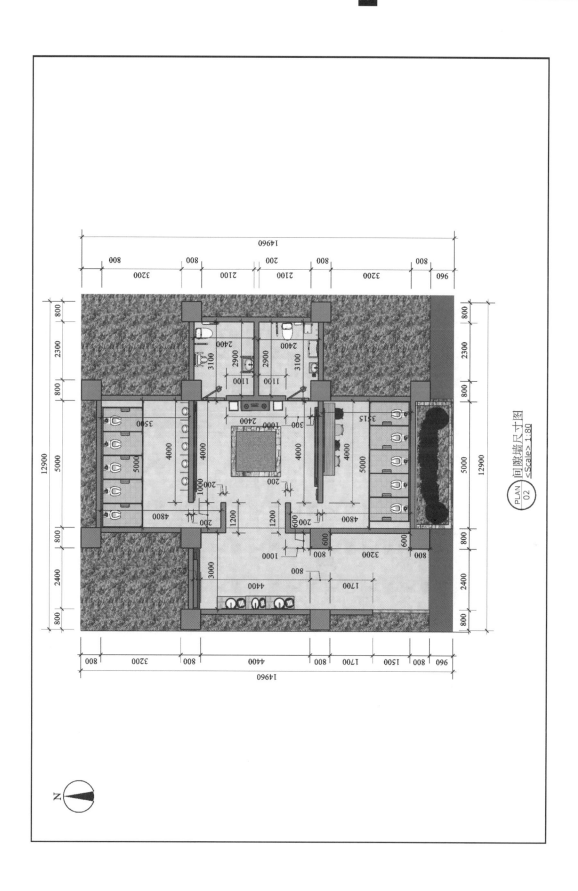

PLAN 回廊墙尺寸图
02 <Scale> 1:80

N

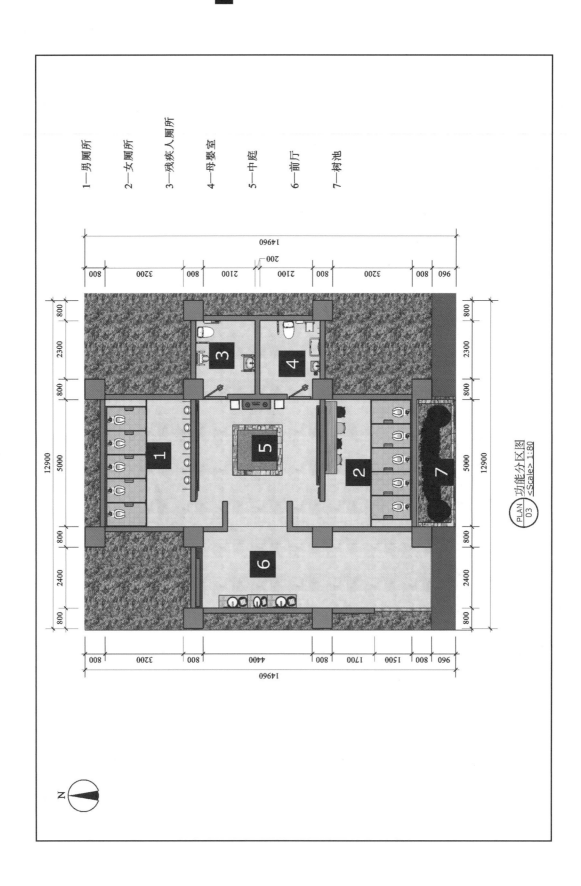

1—男厕所
2—女厕所
3—残疾人厕所
4—母婴室
5—中庭
6—前厅
7—树池

PLAN 功能分区图
03 <Scale> 1:80

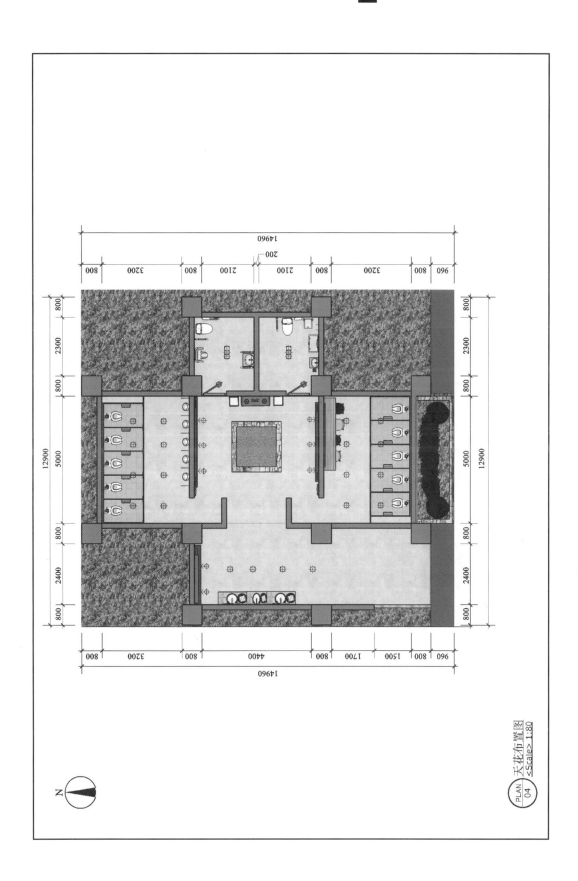

天花布置图
<Scale> 1:80
PLAN
04

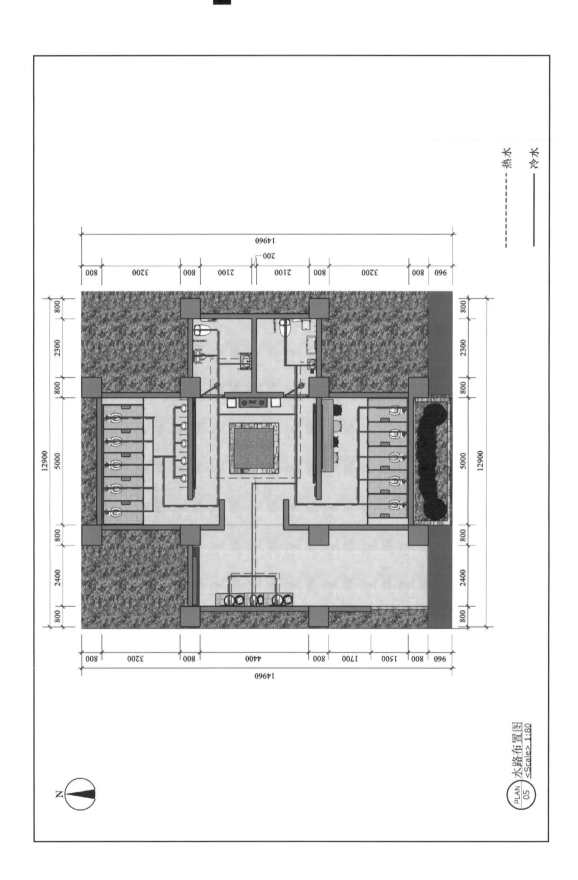

湖北山地型传统村落厕所建设及相关民俗文化研究

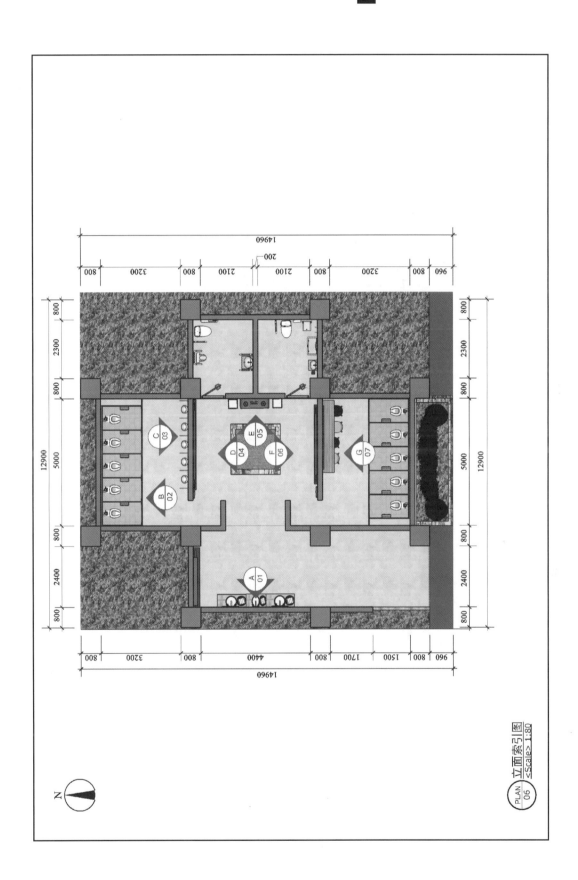

立面索引图
PLAN 06 <Scale> 1:80

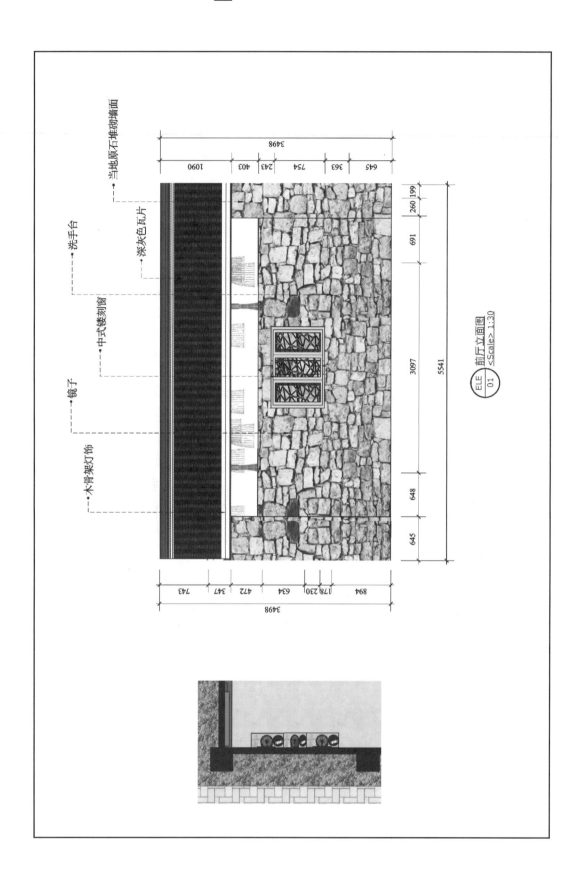

当地原石堆砌墙面

深灰色瓦片

中式镂刻窗

木骨架灯饰

镜子

洗手台

3498

1090　403　243　754　363　645

199　260

691

3097

5541

648

645

ELE
01　前厅立面图
　　<Scale> 1:30

743　347　472　634　230　178　894

3498

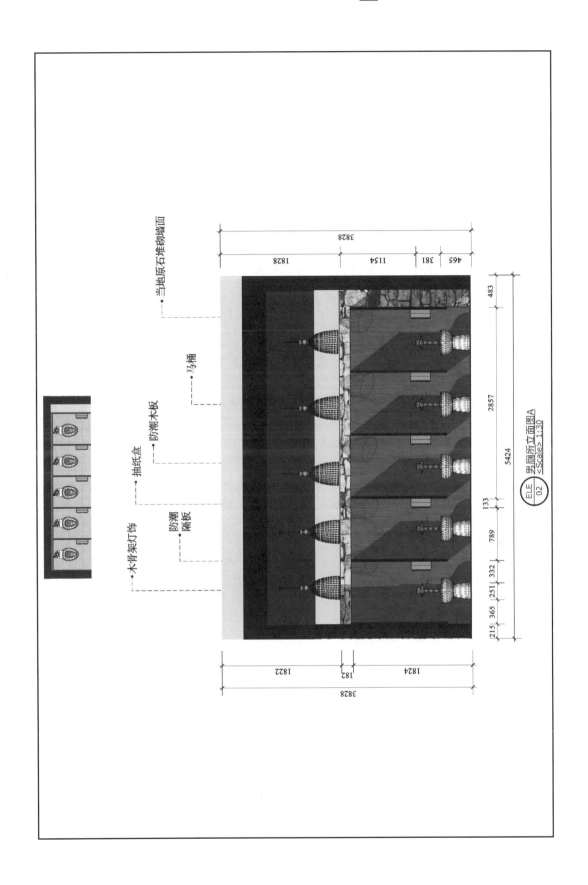

当地原石堆砌墙面

马桶

防潮木板

抽纸盒

防潮
隔板

木骨架灯饰

男厕所立面图A
ELE
02 <Scale> 1:30

3828
465 381 1154 1828

483
2857
5424
133
789
|251| 332
|215| 365

3828
1822 |182| 1824

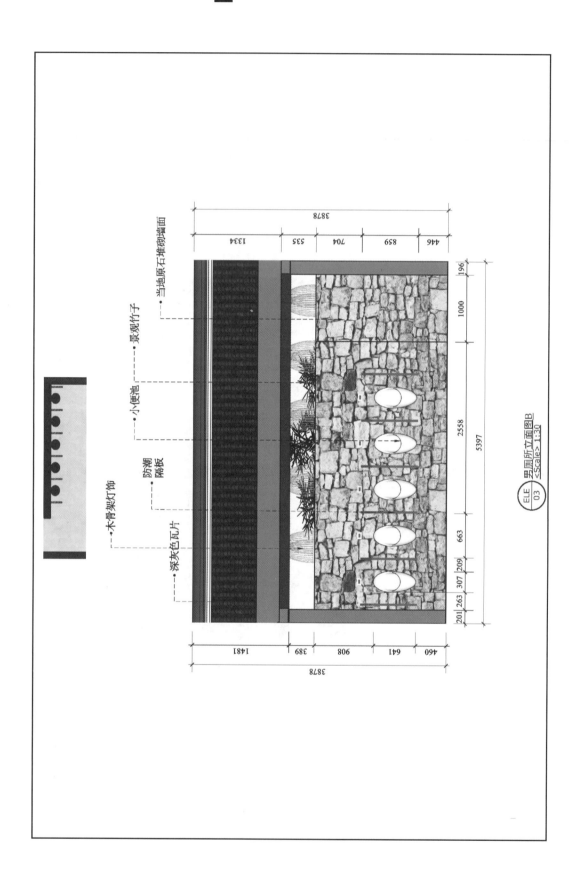

当地原石堆砌墙面

景观竹子

小便池

防潮
隔板

木骨架灯饰

深灰色瓦片

ELE 男厕所立面图B
03   <Scale> 1:30

厕所整体立面图A
<Scale> 1:50
ELE 04

景观竹子
当地原石堆砌墙面
木门
残疾人小便池
智能马桶

木质文化栏
男厕标志
深灰色瓦片

木骨架灯饰
防潮隔板
木质镂刻装饰

3873
1839
1493
521

200
1300
381
1464
3541
415
1000
200
654
2346
205
11705

380
1085
400
248
1760
3873

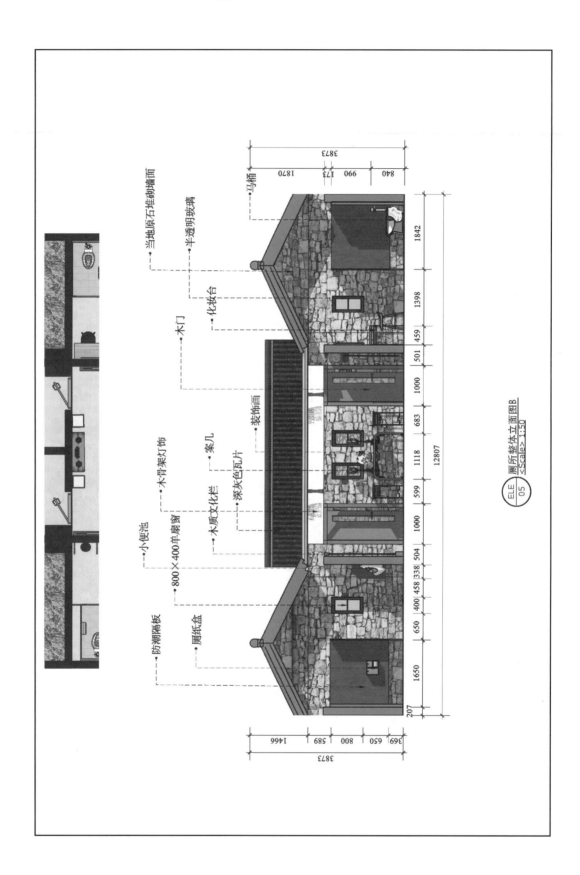

当地原石堆砌墙面
半透明玻璃
化妆台
木门
装饰画
深灰色瓦片
案几
木质文化栏
木骨架灯饰
800×400单扇窗
小便池
厕纸盒
防潮隔板

马桶

ELE 厕所整体立面图B
05 <Scale> 1:50

景观竹子
防潮隔板
当地原石堆砌墙面
女厕标识
木质文化柱
木门
木骨架灯饰
儿童洗手台
婴儿座椅
厕纸盒

3885
361 1473 404 167 1479
211 1000 636 3116 803 245 2294 218
8523
3885
571 365 1070 400 1085 395

厕所整体立面图C
<Scale> 1:50
ELE
06

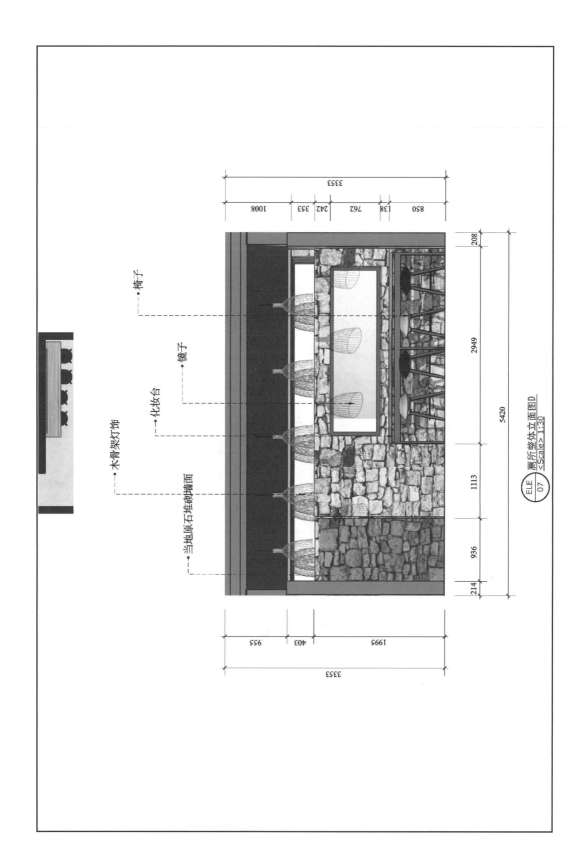

椅子

镜子

化妆台

木骨架灯饰

当地原石堆砌墙面

3353

1008 | 138 | 762 | 242 | 353 | 850

208
2949
5420
1113
936
214

955 | 403 | 1995

3353

ELE / 07 厕所整体立面图D
<Scale> 1:30

效果图A

效果图B

效果图C

附录 4　鄂东地区村落厕所设计方案四

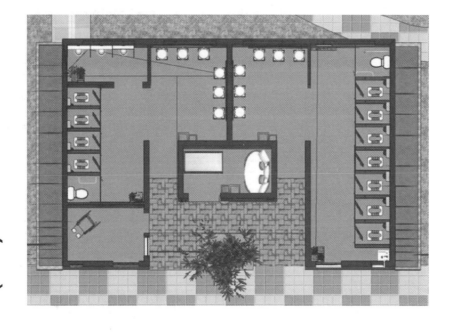

设计说明(一)

旅游风景区公共卫生间是为游客提供服务的不可缺少的环境卫生设施,为了让公共卫生间的规划、设计、建造和管理都符合环境卫生要求,特制定本方案。

本方案设计的公共卫生间主要放置于农村风景区中,适用于各类人群,公共卫生间的设计始终围绕"以人为本"的理念,体现出中国传统的"仁义礼智信"思想,符合文明、卫生、适用、方便、节水的原则。公共卫生间的外观和色彩设计与环境相协调,并结合了当地的建筑特色、历史文化内涵。卫生间的外观采用古代鄂东建筑风格,运用青砖马头墙,使卫生间的风格与当地的建筑风格一致。同时,公共卫生间的结构设计合理,内部设施配备齐全,为满足特殊人群的需求,设置了无障碍通道,配备了相关无障碍设施。同时,为了方便带婴幼儿的游客,特意设计了母婴室,内有相关的母婴设施。卫生间的四周种植当地特色植物作为遮挡物,这样不仅使卫生间有良好的隐蔽性,还能美化环境。

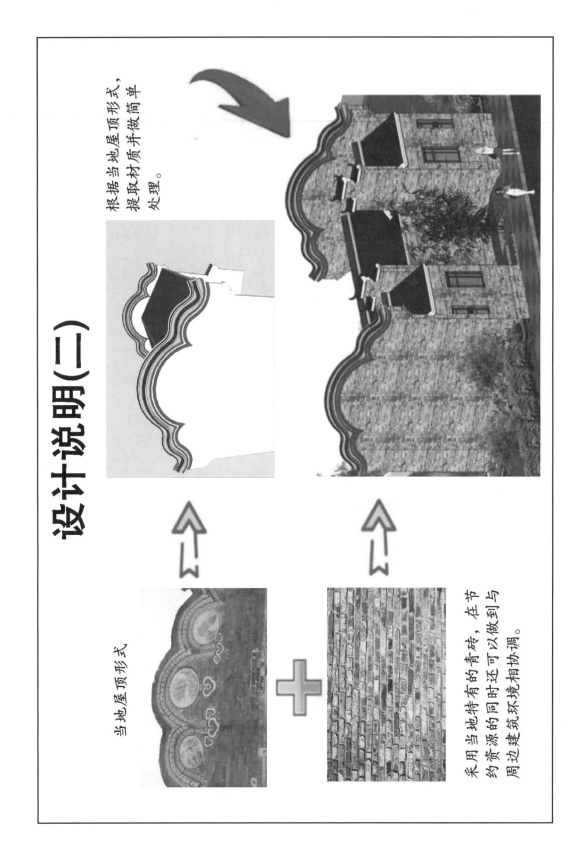

设计说明(二)

根据当地屋顶形式，提取材质并做简单处理。

当地屋顶形式

采用当地特有的青砖，在节约资源的同时还可以做到与周边建筑环境相协调。

设计说明（三）

采光结构

空气流通走向

厕所设计前后窗，南北通透，利于通风除味，后窗位置较高，有利于保护使用者的隐私。

空气流通结构

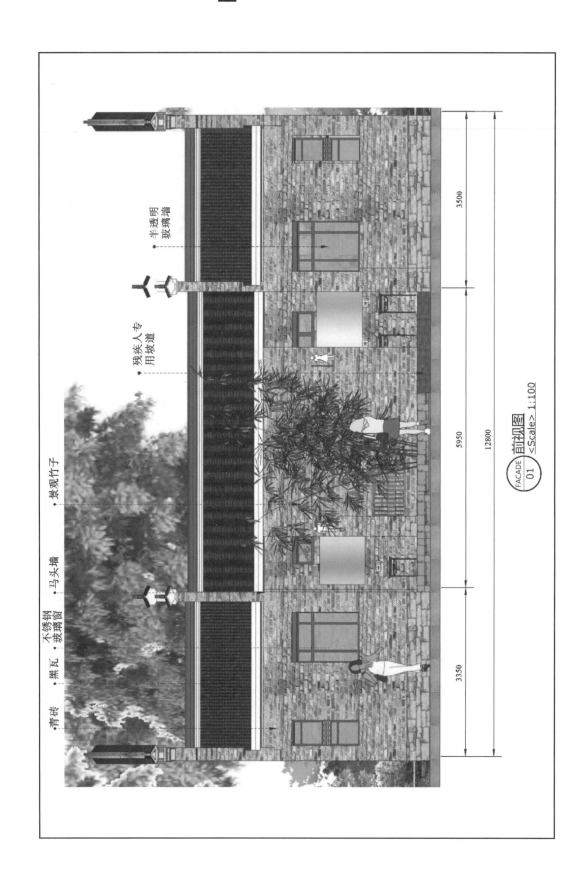

右视图
FACADE 02 <Scale> 1:100

8700

绿化带

马头墙

青砖

屋脊

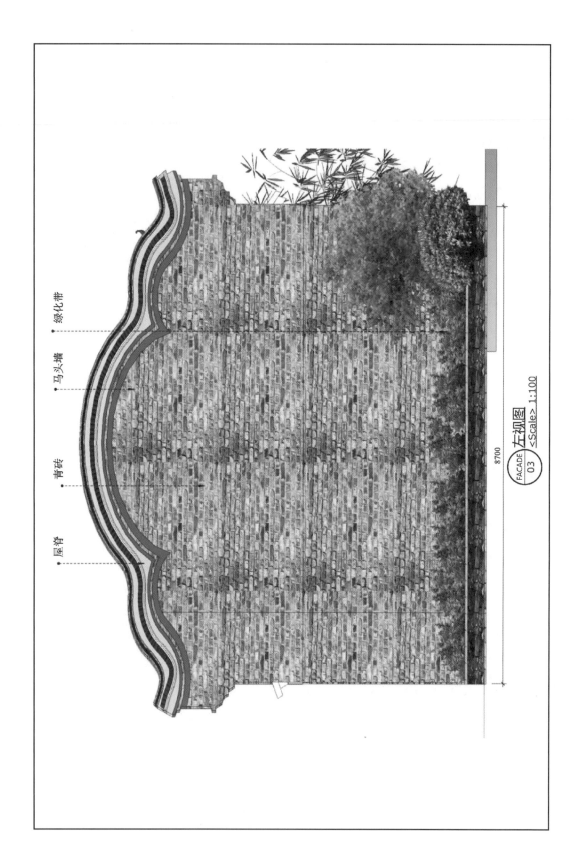

绿化带

马头墙

青砖

屋脊

8700

FACADE
03 左视图
<Scale> 1:100

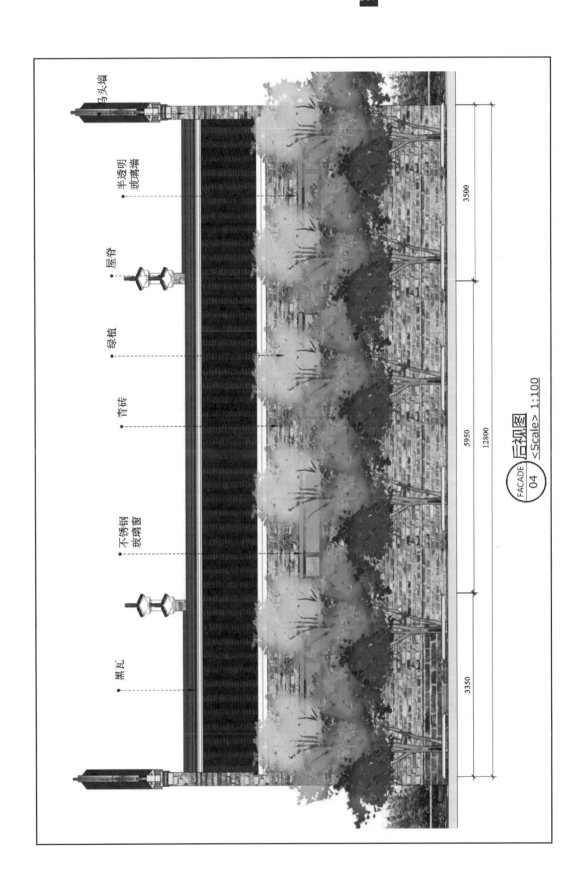

马头墙

半透明玻璃墙

屋脊

绿植

青砖

不锈钢玻璃窗

黑瓦

3500

5950

12800

3350

FACADE
04 后视图
<Scale> 1:100

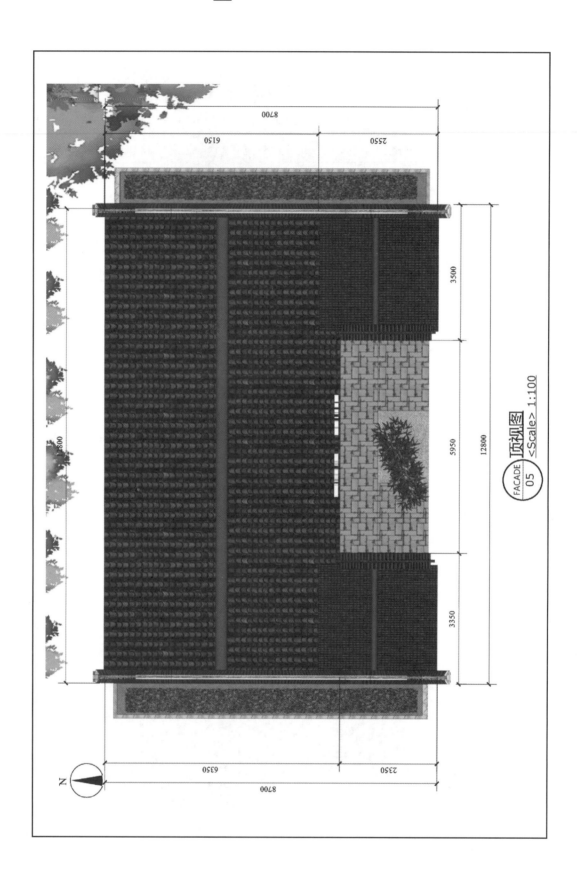

FACADE
05 <Scale> 1:100 顶视图

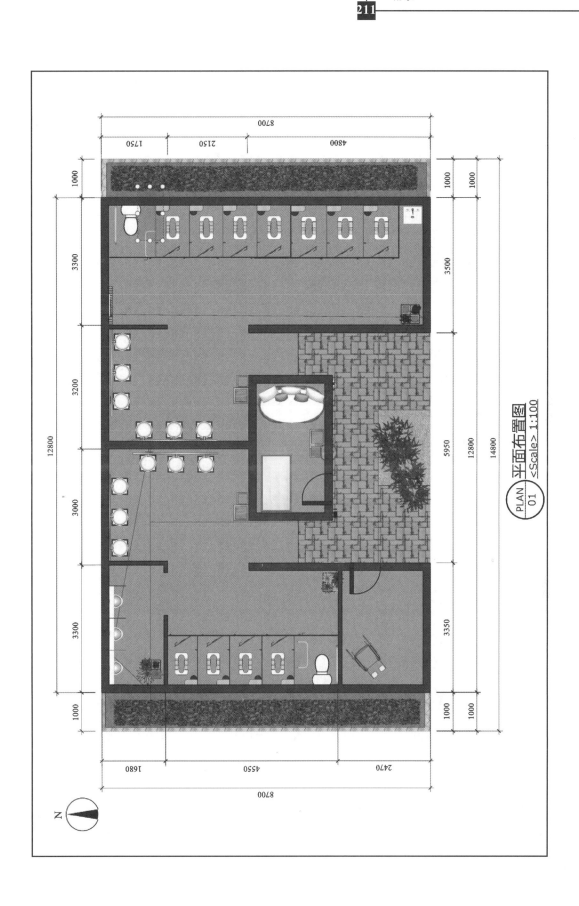

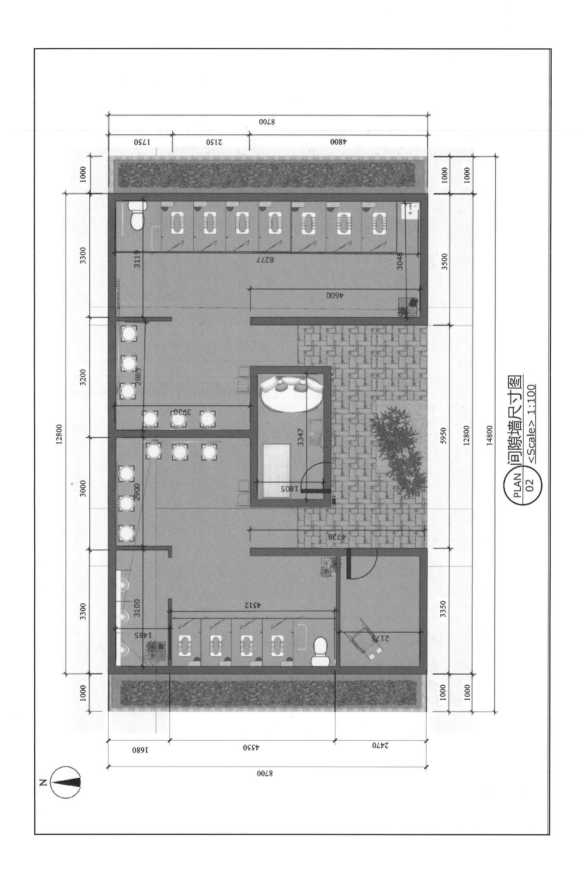

PLAN 间隙墙尺寸图
02 <Scale> 1:100

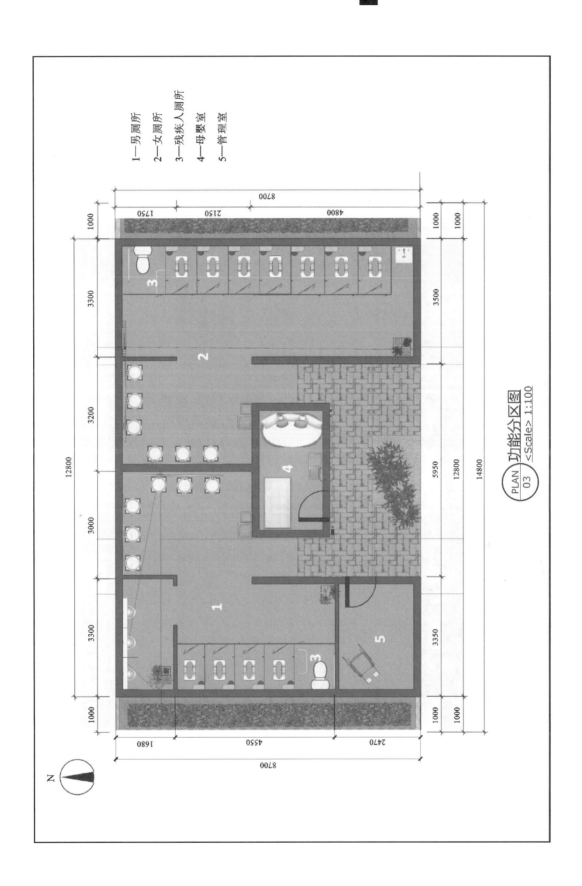

功能分区图
PLAN 03 ⟨Scale⟩ 1:100

1—男厕所
2—女厕所
3—残疾人厕所
4—母婴室
5—管理室

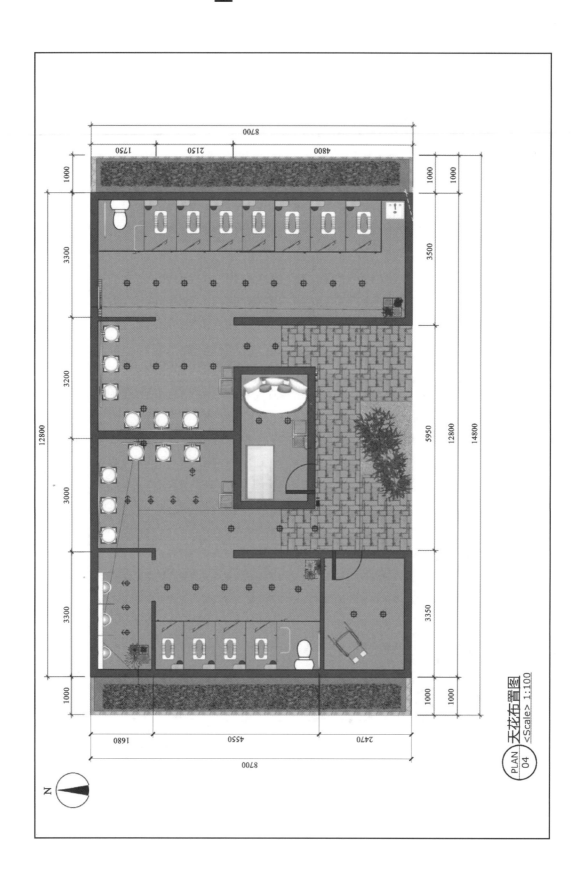

PLAN 天花布置图
04 <Scale> 1:100

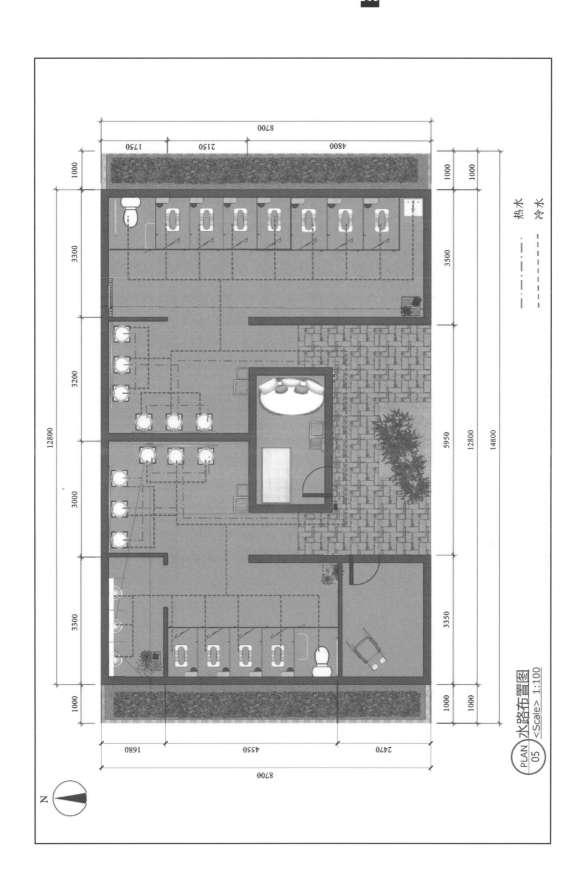

热水
冷水

PLAN 水路布置图
05 <Scale> 1:100

N

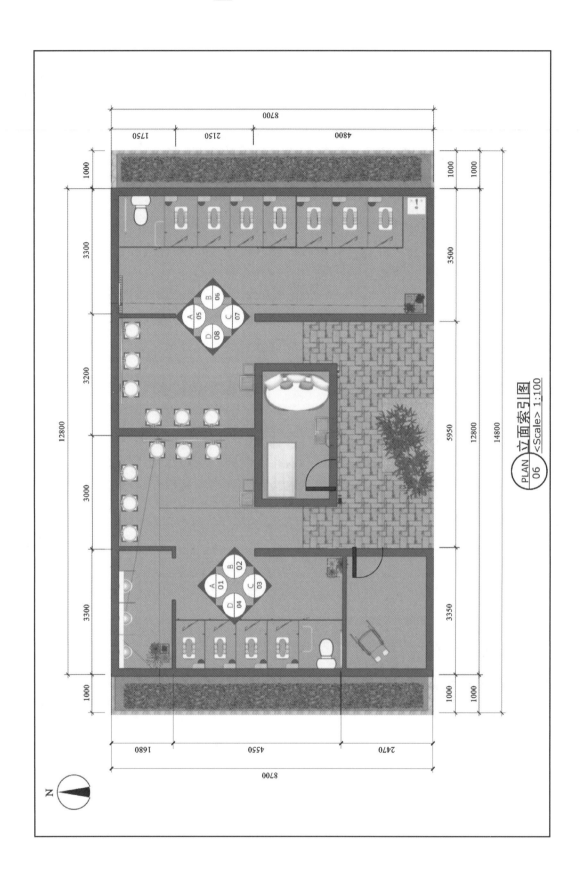

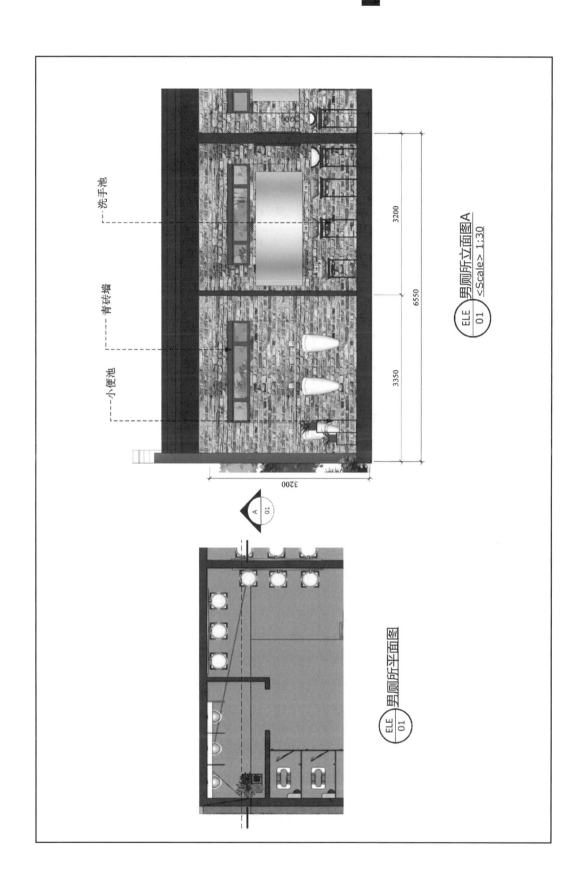

洗手池
青砖墙
小便池
3200

3350
6550
3200

ELE
01
男厕所立面图A <Scale> 1:30

A
01

ELE
01
男厕所平面图

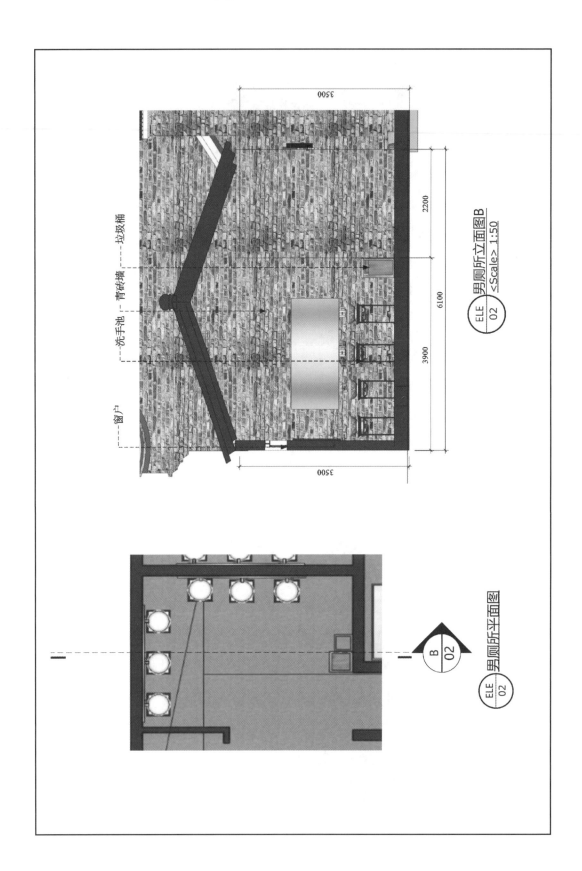

男厕所立面图B <Scale> 1:50

ELE 02

3500

2200

6100

3900

3500

窗户 | 洗手池 | 青砖墙 | 垃圾桶

男厕所平面图

B 02

ELE 02

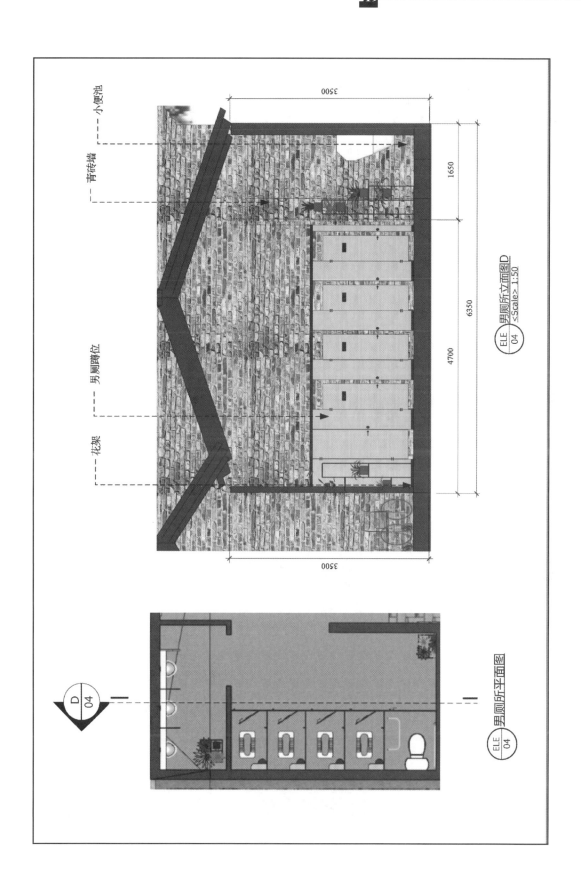

小便池

菁砖墙

男厕蹲位

花架

3500

1650

6350

4700

3500

ELE 男厕所立面图D
04 <Scale> 1:50

D
04

ELE 男厕所平面图
04

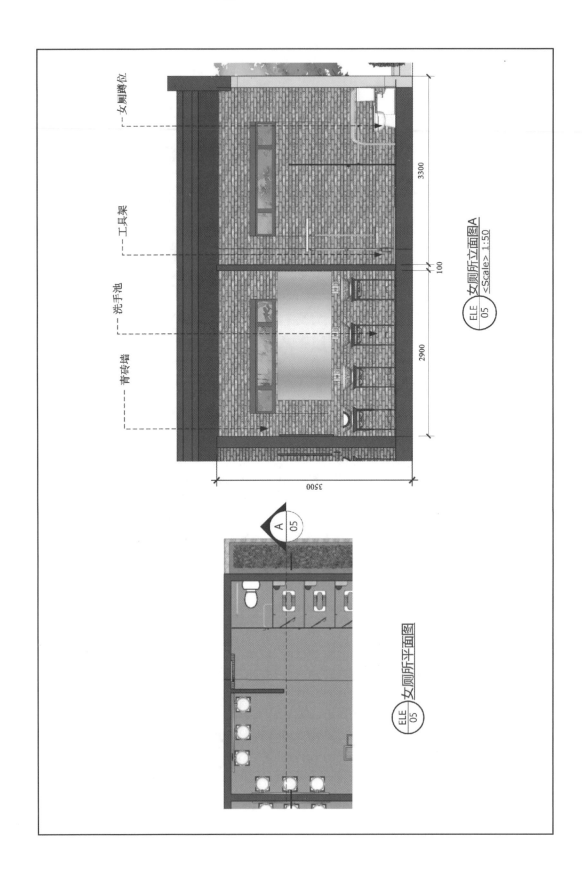

女厕所立面图A
ELE 05 <Scale> 1:50

女厕所平面图
ELE 05

3300
2900
100
3500

女厕蹲位
工具架
洗手池
青砖墙

A 05

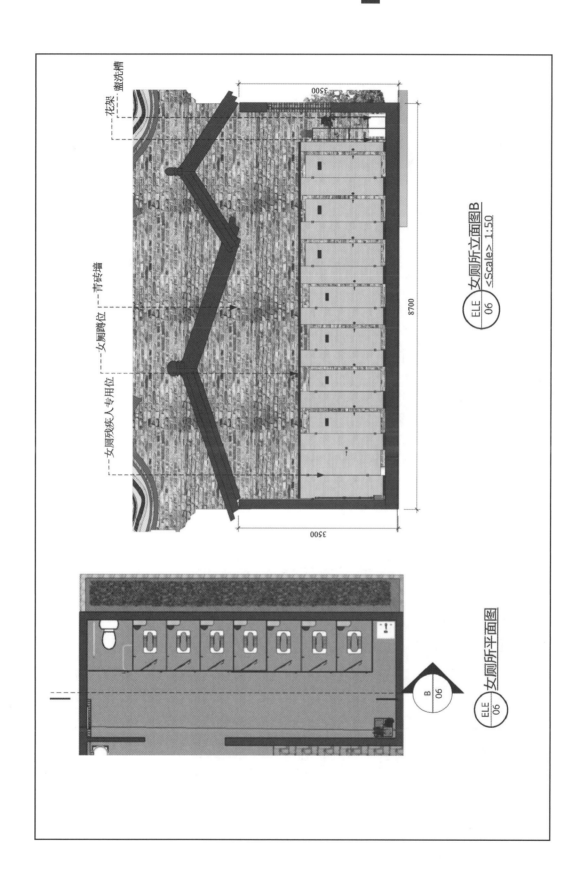

女厕所立面图B
ELE 06 <Scale> 1:50

盥洗槽
花架
青砖墙
女厕蹲位
女厕残疾人专用位

3500
8700

女厕所平面图
ELE 06
B 06

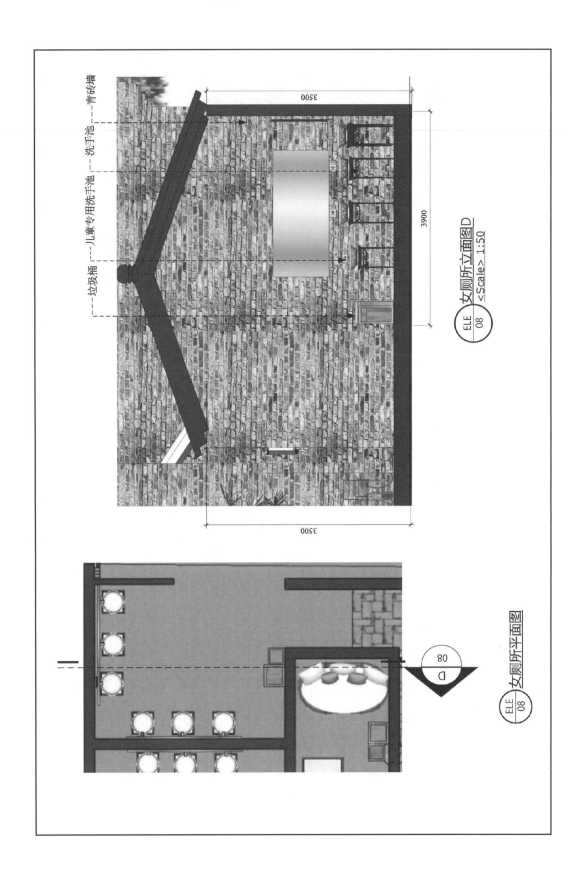

青砖墙

洗手池

儿童专用洗手池

垃圾桶

3500

3900

3500

ELE 08 女厕所立面图D <Scale> 1:50

ELE 08 女厕所平面图

08 D

后　记

　　厕所是人们生活中不可缺少的基础卫生设施，是反映社会变迁和文明程度的一个重要标志。2015 年 7 月和 2017 年 11 月，习近平总书记两次对"厕所革命"作出重要指示，他强调厕所问题不是小事情，是城乡文明建设的重要方向。近些年来，在各级政府的推动下，乡村地区掀起了一场厕所改建运动，提升了乡村地区的人居环境质量。然而乡村"厕所革命"是一项复杂的系统工程，在推进过程中存在一些较难解决的问题，主要原因是涉及乡村经济、文化、生态等诸多方面。乡村"厕所革命"难度大、任务重。

　　《湖北山地型传统村落厕所建设及相关民俗文化研究》正是在这一背景下撰写的一本专著。本书以湖北山地型传统村落厕所为研究对象，以生态环境与乡村文化为出发点。笔者通过实地调查了解山地型传统村落厕所建设现状及存在的问题，总结湖北山地型传统村落厕所应具备的特征及厕所文化，提炼出山地型传统村落厕所设计的地域元素。最后，从多学科出发，提出湖北山地型传统村落厕所建设的发展路径，供相关政府职能部门决策参考。

　　笔者在完成本书的过程中，得到了黄冈师范学院不少老师和学生的帮助，其中，黄冈师范学院胡绍宗教授、陈方教授、甄新生副教授、翁晓燕副教授、萧喻副教授、金晓刚老师，以及梁坤、李晓晨、涂婉莹、单江雪等学生在资料搜集、田野调查等方面给予了大力帮助。笔者还得到了黄冈市人民政府研究室、黄冈市住房和城乡建设局、黄冈市地方志办等部门的支持。此外，笔者在写作本书的过程当中，参考了大量图书、期刊、地方志和部分网络资源。在此，一并表示感谢。

　　由于本人知识有限，加之资料搜集、田野调查有不够细致、疏漏之处，文中可能有些许错误或不完善的地方，还请有关专家学者和广大读者加以批评指正。

卢雪松

2022 年 3 月